WERKSTATTBÜCHER

FÜR BETRIEBSFACHLEUTE, KONSTRUKTEURE UND STUDIERENDE
HERAUSGEBER DR.-ING. H. HAAKE, HAMBURG

HEFT 73 a/b

Widerstandsschweißen

Von

Dipl.-Ing. W. Brunst und Dr.-Ing. W. Fahrenbach

Stuttgart-Ditzingen   Oakland, Calif./USA

Dritte völlig neubearbeitete Auflage

(13. bis 18. Tausend)

Mit 279 Abbildungen

Springer-Verlag Berlin Heidelberg GmbH 1962

ISBN 978-3-662-22765-7   ISBN 978-3-662-24696-2 (eBook)
DOI 10.1007/978-3-662-24696-2

Inhaltsverzeichnis

Vorwort

Die ersten beiden Auflagen dieses Buches, von Dr.-Ing. W. FAHRENBACH bearbeitet, sind 1939 und 1949 erschienen. Inzwischen ist bei den Widerstandsschweißmaschinen in weitem Umfange die elektronische Steuerung eingeführt worden, die sich hier besonders bewährt hat. Dadurch ist der Stoff in solchem Maße größer geworden, daß sich der Verlag entschlossen hat, dies Buch als Doppelheft erscheinen zu lassen. Die neuen Stoffgebiete hat Dipl.-Ing. W. BRUNST bearbeitet und zugleich die Aufgabe übernommen, diesen neuen Teil mit dem von Dr. FAHRENBACH neu bearbeiteten Inhalt der letzten Auflage zu einem geschlossenen Ganzen zu verschmelzen.

So erscheint dieses Werkstattbuch nun in ganz neuer Form mit doppeltem Umfang und vollständig neu bearbeitetem Inhalt. Es will der Praxis des Widerstandsschweißens dienen und dabei dem Betriebsmann, darüber hinaus auch dem Konstrukteur und dem Studierenden eine Hilfe sein.

Bei dieser Gelegenheit soll auch nochmals all den Firmen gedankt werden, die in großzügiger Weise die verwendeten Unterlagen und Bilder zur Verfügung gestellt haben, besonders der Firma Robert Bosch GmbH., die es durch ihr Einverständnis ermöglicht hat, das Buch in dieser Form herauszugeben. Herrn Ing. K. BAUER danken die Verfasser für das Lesen der Korrektur und insbesondere für die Durchsicht und Überarbeitung des steuertechnischen Teiles.

I. Grundlagen des Widerstandsschweißens

A. Allgemeines

1. Schweißverfahren. Mit dem Wort „Schweißen" wird das Vereinigen zweier an der gewünschten Verbindungsstelle erhitzter Metallteile bezeichnet. Beim Schmelz- und Gießschweißen werden die aneinanderstoßenden Teile auf flüssigen oder nahezu flüssigen Zustand erhitzt und meist unter Zusatz von gleichartigem Werkstoff verschmolzen. Beim Preßschweißen werden die Stoßflächen nur bis zum teigigen Zustand erwärmt und ohne Zusatzwerkstoffe durch starkes Zusammenpressen miteinander verbunden. Stets wird beim Schweißen im Gegensatz zum Löten eine möglichst gleichbleibende und von dem metallischen Aufbau der Teile wenig abweichende Zusammensetzung der geschweißten Verbindungsstelle angestrebt.

Beim Schmelzschweißen wird die Schweißwärme durch Gasverbrennung, durch den elektrischen Lichtbogen oder durch beide Wärmequellen gleichzeitig erzeugt. Durch die Verbrennungswärme des Gases oder die Strahlungswärme des Lichtbogens wird die Schweißstelle erwärmt und aus dem Schweißdraht, der beim Lichtbogenschweißen meistens zugleich Elektrode ist, der erforderliche Zusatzwerkstoff in die Stoßfuge eingeschmolzen. Eine Mittelstellung zwischen der Schmelz- und Preßschweißung nimmt das beim Stumpfschweißen von Schienen übliche Thermitverfahren ein, bei dem die Schienenstöße durch Verbrennen von Aluminiumpulver mit Eisenoxyd erhitzt und durch ihre Wärmeausdehnung verpreßt werden. Das älteste Preßschweißverfahren ist das Hammerschweißen, nach dem Eisenteile im Schmiedefeuer bis zum teigigen Zustand erhitzt und durch Zusammenschlagen auf dem Amboß geschweißt werden. Später wurde der Schweißdruck nicht mehr durch die Wucht des Hammerschlages, sondern durch die Kraft hydraulischer Pressen oder Walzen erzeugt. Bei der Widerstandsschweißung, dem jüngsten Preßschweißverfahren, werden die Werkstücke an der Schweißstelle durch einen starken Strom erhitzt und im teigigen Zustand durch Zusammenpressen vereinigt.

2. Eigenschaften der wichtigsten Werkstoffe (Tab. 1). Erfahrungsgemäß vermitteln die Zahlen der Tab. 1 nur eine schwache Vorstellung von den Eigenschaften

Tabelle 1. *Stoffwerte der für das Widerstandsschweißen wichtigsten Metalle*

	Zeichen	Maß	Wasser	Magnesium	Aluminium	Schweißeisen	Zink	Messing	Kupfer
Spezifisches Gewicht...	γ	g/cm³	1,00	1,74	2,70	7,8	7,14	8,6	8,9
Schmelzpunkt	t_z	°C	0	650	658	1500	418	950	1083
Spezifische Wärme (20°)	c	cal/g °C	1,00	0,25	0,21	0,123	0,092	0,093	0,092
Wärmeleitfähigkeit....	λ	kcal/m h °C	0,50	135	181	46,8	91	80	320
Elektr. spez. Widerstand	ϱ	Ω mm²/m	—	0,0455	0,028	0,13	0,063	0,075	0,0178
Elektr. Leitfähigkeit ..	$1/\varrho$	m/Ω mm²	—	22,0	35,7	7,7	15,9	13.4	56,2

der Metalle. Da jedoch die Kenntnis der Stoffeigenschaften und der Grundgesetze der elektrischen Erwärmung für die weiteren Ausführungen unerläßlich ist, seien im folgenden die Zusammenhänge an Beispielen erläutert: Wird einem Gewichtsanteil G eines Stoffes eine bestimmte Wärmemenge Q zugeführt, so erhöht sich die Temperatur um so mehr, je geringer seine Wärmespeicherfähigkeit, d. h. seine spezifische Wärme c ist.

$$\Delta t \quad = \quad \frac{Q}{G \cdot c} \tag{1}$$

$$\text{Temperaturzunahme} = \frac{\text{Wärmemenge}}{\text{Gewicht} \times \text{spez. Wärme}}$$

Wärmemenge und elektrische Arbeit sind gleichzusetzen:

$$Q \quad = \quad U \cdot I \cdot T \tag{2}$$

$$\text{Wärmemenge} = \text{Spannung} \times \text{Strom} \times \text{Zeit}$$

Das Grundmaß für die elektrische Arbeit ist die Wattsekunde (Ws):

$$1 \, \text{Ws} \quad = \quad 1 \, \text{V} \cdot 1 \, \text{A} \cdot 1 \, \text{sek} \tag{3}$$

$$\text{Wattsekunde} = \text{Volt} \times \text{Ampere} \times \text{Sekunde}$$

Da diese Arbeitseinheit sehr klein ist, wird in der Technik die elektrische Arbeit meist in Kilowattstunden (kWh) gemessen:

$$1 \, \text{kWh} \quad = \quad 1000 \, \text{V} \cdot \text{A} \cdot \text{h} = 1000 \cdot 60 \cdot 60 \, \text{Ws} \tag{4}$$

$$1 \, \text{Kilowattstunde} = 1000 \, \text{Wattstunden} = 3\,600\,000 \, \text{Wattsekunden}$$

Der elektrischen Arbeit von 1 Ws entspricht, wie durch Versuche ermittelt worden ist, eine Wärmemenge von 0,239 Gramm-Kalorien (cal). Durch Zufuhr von 1 cal erhöht sich die Temperatur von 1 g oder 1 cm³ Wasser um 1 °C. Demnach sind $1/0,239 = 4,184$ Ws erforderlich, um 1 g oder 1 cm³ Wasser um 1 °C zu erwärmen: 1 cal = 4,184 Ws. In der Technik rechnet man mit Kilogramm-Kalorien (kcal):

$$1 \, \text{kcal} = 1000 \, \text{cal} = \frac{1000 \cdot 4,184}{3600000} = {}^1/_{860} \, \text{kWh} \tag{5}$$

$$\text{Wärmemenge} \quad = \quad \text{elektrische Arbeit}$$

Infolge ihrer kleineren spezifischen Wärme lassen sich die Metalle mit der gleichen Menge elektrischer Arbeit auf wesentlich höhere Temperaturen erwärmen als Wasser (Tab. 2). Aus dem großen Unterschied ihrer spezifischen Wärme ergibt sich also, daß z. B. mit dem gleichen Verbrauch von 0,093 kWh elektrischer Arbeit,

Tabelle 2. *Temperaturerhöhungen verschiedener Stoffe in °C durch verlustlose Zufuhr*
von 1 cal = 4,184 Ws elektrischer Arbeit

Stoffmenge	Wasser	Magnesium	Aluminium	Eisen	Zink	Messing	Kupfer
1 g	1,00	4,00	4,76	8,12	10,85	10,75	10,85
1 cm³	1,00	2,30	1,77	1,05	1,52	1,26	1,19

mit dem 1 Liter Wasser um 80 °C erwärmt wird, 1 kg Eisen bereits um 650 °C erhitzt werden kann. Dabei ist natürlich vorausgesetzt, daß alle zugeführte Wärme
von dem Stoff aufgenommen und keine Verlustwärme an die Umgebung abgeleitet
wird.

3. Berücksichtigung der Zeit. Soll ein Körper erhitzt, d. h. ihm eine Wärmemenge
in einer bestimmten Zeit zugeführt werden, so ist eine elektrische Leistung anzuwenden, die um so höher ist, in je kürzerer Zeit die erforderliche Wärme umgesetzt
werden soll.

$$Q/T \quad = \quad U \cdot I \tag{6}$$

Wärmeleistung = elektrische Leistung

Auch die Leistungseinheit **Watt** (1 W = 1 V·A) ist recht klein und wird daher
als Maß nur für elektrische Geräte (Lampen, Haushaltgeräte) angewendet. An
Elektromaschinen wird die Leistung in Kilowatt gemessen.

$$1 \, kW \quad = \quad 1000 \, W = \quad 1000 \, V \cdot A \tag{7}$$

Kilowatt = 1000 Watt = 1000 Volt × Ampere

Um in einer Sekunde 1 g Wasser um 1 °C zu erwärmen, ist eine elektrische
Leistung (verlustlos umgesetzt) von 4,184 W erforderlich [Gl. (4) u. (5)]:

$$1 \, cal/s \quad = \quad 4,184 \, W; \qquad 1 \, kcal/h \quad = \quad {}^1/_{860} \, kW \tag{8}$$

Wärmeleistung = elektrische Leistung   Wärmeleistung = elektrische Leistung

Um die gleiche Wärmemenge in $^1/_{10}$ Sekunde zu erzeugen, ist dementsprechend
die 10 fache elektrische Leistung anzuwenden.

4. Erhitzung und Wärmeverlust. Bei den bisherigen Betrachtungen war angenommen, daß die zugeführte elektrische Energie restlos in Wärme umgesetzt und
ohne Verluste für das Erhitzen des Körpers ausgenutzt wird. Für die Praxis trifft
diese Annahme nicht zu. Jeder erhitzte Körper überträgt Wärme auf seine Umgebung und sucht durch Wärmeabgabe seine eigene und die Temperatur der umgebenden Stoffe auszugleichen. Bei niedrigen Temperaturen wächst die Wärmeübertragung etwa mit dem Temperaturunterschied zwischen Körper und Umgebung sowie mit der Oberfläche des Körpers, die die Wärme überträgt. Bei höheren
Temperaturen kommt die Wärmeabgabe durch Strahlung hinzu, die mit der
4. Potenz der absoluten Körpertemperatur (273 + t) ansteigt. Wird nun in einem
Körper elektrische Energie in Wärme umgesetzt, so erhöht der Körper durch
Wärmeaufnahme seine Temperatur, verliert aber gleichzeitig einen Teil der aufgenommenen Wärme an die kühlere Umgebung.

Der Verlauf einer elektrischen Erwärmung eines cm³ Eisen von 20° auf 1500 °C
unter Berücksichtigung der Verluste ist in Abb. 1···4 veranschaulicht. Die Kurven
Abb. 1 zeigen die für die Temperaturerhöhung aufgenommene elektrische Arbeit
und die Verlustleistungen durch Wärmeleitung und -strahlung bei verschiedenen
Temperaturen, die bei 1500° bereits 280 und 170 W beanspruchen. Würde nur die
Summe dieser beiden Leistungen, d. h. 450 W, dem Eisenkörper zugeführt werden,
so könnte erst nach unendlich langer Zeit die gewünschte Temperatur von 1500°
erreicht werden. Die Kurven (Abb. 2) zeigen den Verlauf des Temperaturanstieges
und das Verkürzen der Erwärmungszeit bei höheren elektrischen Leistungen. Je

höher die umgesetzte elektrische Leistung ist, desto schneller erwärmt sich der Körper und desto kürzer wird die Zeit für die Abgabe von Verlustwärme. Die Kurven (Abb. 3) zeigen über der in jedem Fall gleichen Arbeit zum Erwärmen des Körpers die Verlustarbeit, die bei verschiedenen Anwärmzeiten entsteht. Ohne jeden Verlust könnte der Körper nur durch eine unendlich hohe Leistung erwärmt werden, während bei zu kleiner Leistung mit der Erwärmungzeit auch die Verlustarbeit ins unendliche wächst, ohne daß der Körper die gewünschte Temperatur erreicht. Der Wirkungsgrad der elektrischen Erwärmung, d. h. das Verhältnis der vom Körper aufgenommenen Wärmemenge zur aufgewendeten Arbeit wird also ganz

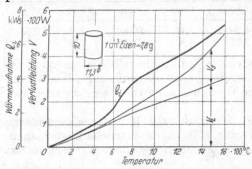

Abb. 1. Wärmeaufnahme eines Eisenblocks von 1 cm³ und seine Wärmeabgabe bei verschiedenen Temperaturen. Die Unstetigkeit der Temperaturkurve ist eine Folge von Gefügeumwandlungen (vgl. [1][1])

Q_i Wärmeaufnahme des Blockes; V_s Verlustleistung durch Strahlung; V_L Verlustleistung durch Leitung

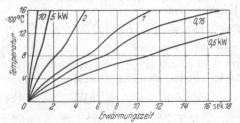

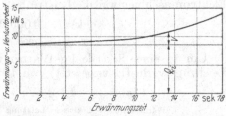

Abb. 2. Temperaturzunahme des Blockes bei Zufuhr verschieden hoher elektrischer Leistungen (kW)

Abb. 3. Aufgenommene und verlorene Wärmemenge des Blockes bei verschiedenen Erwärmungszeiten
Q_i Wärmeaufnahme des Blockes; V Verlustarbeit

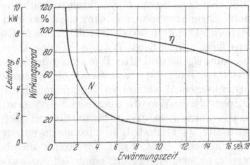

Abb. 4. Erwärmungsleistung und Wirkungsgrad für verschiedene Erwärmungszeiten
N im Block umgesetzte Leistung (kW); η Wirkungsgrad

entscheidend von der angewendeten Leistung beeinflußt (Abb. 4). Je höher die elektrische Leistung, desto kürzer ist die Erhitzungszeit und desto besser ist der Wirkungsgrad der elektrischen Erwärmung. Um 1 cm³ Eisen nach diesem Beispiel in 1 sek von 20° auf 1500° zu erhitzen, müßte während der ganzen Erwärmungszeit eine gleichbleibende Leistung von 8,9 kW umgesetzt werden. Der Wirkungsgrad des Wärmeumsatzes, nur auf den Eisenzylinder bezogen, betrüge 97%. In der Praxis würde man sich schon mit einer Erwärmungszeit von 5···7 sek begnügen, da trotz des geringen Rückganges des Wirkungsgrades auf 95···93% eine wesentlich billigere Erwärmungseinrichtung mit nur 1,5···2 kW benutzt werden könnte. Das hier für einen Einzelfall entwickelte Beispiel hat allgemeine Gültigkeit für alle weiteren Betrachtungen, bei denen uns die gleichen Zusammenhänge stets wieder begegnen werden.

[1] Die Zahlen in eckigen Klammern verweisen auf das Schrifttum S. 123.

5. Widerstandserwärmung. Beim Durchfließen von Metallen, die stets elektrische Leiter sind, erzeugt der Strom infolge ihres elektrischen Widerstandes Wärme. Nach dem Jouleschen Gesetz ist die entstehende Wärmemenge Q dem Quadrat der Stromstärke I, dem Widerstand R des Leiters und der Dauer T des Stromflusses verhältnisgleich

$$Q \quad = \quad I^2 \cdot R \cdot T \tag{9}$$

Wärmemenge = Strom² × Widerstand × Zeit

Wird die Wärmemenge in einer bestimmten Zeit erzeugt, so entspricht dieser Wärmeleistung eine gleichwertige elektrische Leistung:

$$Q/T \quad = \quad I^2 \cdot R \tag{10}$$

Wärmeleistung = Strom² × Widerstand

Der Zusammenhang mit den oben entwickelten Arbeits- und Leistungseinheiten ist hergestellt über das Ohmsche Gesetz:

$$I \quad = \quad U/R \tag{11}$$

Strom = Spannung/Widerstand

Der Widerstand R eines Leiters wächst mit dem spezifischen, vom Werkstoff abhängigen Widerstand ϱ und der Länge l des Stromweges und vermindert sich mit der Zunahme des stromdurchflossenen Querschnittes F:

$$R \quad = \quad \varrho \cdot l/F \tag{12}$$

Widerstand = spez. Widerstand × Länge/Leiterquerschnitt

Die Strombelastung I/F des Leiters wird mit Stromdichte (A/mm²) bezeichnet.

In jedem stromdurchflossenen Leiter entsteht also Wärme, die zunächst die Temperatur des Leiters erhöht und bei dauerndem Stromfluß von dem erhitzten Leiter an die kühlere Umgebung abgegeben werden muß. Ein guter Leiter von reichlichem Querschnitt bietet dem Strom so geringen Widerstand, daß nur wenig Wärme entsteht, die schon nach einer unbedeutenden Temperaturerhöhung des Leiters abgeleitet werden kann (Leitungen zum Übertragen elektrischer Leistung). Beim Durchfließen eines schlechten Leiters von hohem spezifischem Widerstand oder knappem Querschnitt erzeugt der Strom dagegen viel Wärme. Der stromdurchflossene Körper erhitzt sich um so schneller, je geringer seine Masse und seine spezifische Wärme und je höher sein elektrischer Widerstand ist. Erst wenn infolge der Temperatursteigerung die Wärmeabgabe des Körpers der umgesetzten elektrischen Leistung gleich wird, erhöht sich seine Temperatur nicht mehr (elektrische Heizgeräte). Solange die Stromwärmeerzeugung die Wärmeabgabe des Leiters noch überschreitet, erhitzt dieser sich ständig weiter, bis durch Schmelzen oder Verdampfen des Metalles der Stromfluß unterbrochen wird (Schmelzsicherung). Einen besonders hohen elektrischen Widerstand hat die lose Berührungsstelle zweier Leiter, da diese sich an der Stoßstelle nur an wenigen kleinen Flächenteilen berühren (Wackel- oder Lockerkontakt). In einem Stromkreis erhitzen sich daher diese Stellen ganz besonders stark.

Liegen in einem Stromkreis Leiter mit verschiedenen Widerständen hintereinander, so sind die in den Einzelleitern in Wärme umgesetzten elektrischen Leistungen den Einzelwiderständen verhältnisgleich. Bei gleicher Oberfläche entsprechen daher auch die Übertemperaturen der Einzelleiter eines Stromkreises ihren Widerständen (Abb. 5). Bei Leitern gleicher Leitfähigkeit, aber verschiedenen Durchmessers bewirkt das wachsende Verhältnis der Oberfläche zum Querschnitt beim dünneren Leiter eine bessere Wärmeableitung. Die Temperaturzunahme entspricht daher nicht der Verminderung des Querschnittes und dünne Leiter können bei gleicher Temperatur wesentlich höhere Stromdichten führen als dicke (Abb. 6).

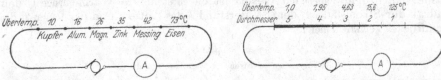

Abb. 5. Übertemperaturen von Leitern gleichen Querschnittes aus verschiedenem Werkstoff

Abb. 6. Übertemperaturen von Leitern aus gleichem Werkstoff bei verschiedenem Querschnitt

Um einen Begriff von der Spannung und dem Strom zu erhalten, die bei einer Widerstandserwärmung auftreten, kehren wir zu unserem Erwärmungsbeispiel für 1 cm³ Eisen zurück. Aus dem Querschnitt von 100 mm² und der Länge des Stromweges von 0,01 m ergibt sich nach Gl. (12) sein Widerstand

$$R = \frac{0{,}13 \cdot 0{,}01}{100} = 0{,}000013 \ \Omega$$

Widerstand   Ohm

Um die erforderliche Leistung $U \cdot I = 8900$ W in dem Körper umsetzen zu können, ist daher eine Spannung an seine Endflächen zu legen, die sich aus den Zusammenhängen

$$R = U/I = 0{,}000013 \ \Omega \quad \text{und} \quad U \cdot I = 8900 \ \text{W}$$

errechnen läßt. Die Spannung beträgt danach 0,34 V und erzeugt in dem Körper einen Strom von 26200 A. Wir erkennen aus diesem Beispiel, daß bei der Widerstandserwärmung trotz kleiner für den Menschen ganz ungefährlicher Spannungen Ströme von einer Stärke auftreten, wie wir sie in der ganzen Elektrotechnik nur selten wiederfinden.

Der spezifische Widerstand der meisten elektrischen Leiter wächst mit der Temperatur. Wird eine gleichbleibende Spannung an einen Leiter gelegt, so sinkt mit der Erwärmung der Strom und damit die im Leiter in Wärme umgesetzte Leistung. Gleichbleibende Leistungen können also während der Erwärmung eines Leiters nur durch gleichzeitige Erhöhung der angelegten Spannung erreicht werden.

6. Widerstandsschweißung. Diese nutzt die oben beschriebenen Zusammenhänge zum Erwärmen der Schweißstelle aus. Die Teile, welche verschweißt werden sollen, werden in einen Stromkreis gelegt, der aus guten Leitern besteht und einen starken Strom ohne übermäßige Erwärmung führen kann. Durch gut leitende Elektroden wird der Strom zu den Werkstückteilen gebracht und zum Durchfließen der Berührungsstelle beider Teile gezwungen. Diese Stelle hat in dem Stromkreis den höchsten Widerstand, so daß sie sich schnell erhitzt und durch Zusammenpressen der Elektroden verschweißt werden kann.

Vernachlässigt man den elektrischen Widerstand der Stromzuführung und der Elektroden, so ist der Schweißstrom von der Spannung und dem Widerstand zwischen den Elektrodenspitzen, dem Schweißwiderstand, abhängig. Die Elektrodenspannung ist durch die Bauart der Schweißmaschine selbst bestimmt. Der Schweißwiderstand hängt von dem Werkstoff und seiner Oberfläche sowie besonders von der Zusammenpressung der Teile durch die Elektroden ab. Je fester die Teile durch die Elektrodenkraft zusammengedrückt werden, desto geringer wird der Widerstand und ebenso bei gleichem Strom die Erwärmung.

Nach den bisher entwickelten Grundsätzen wird also zum Erhitzen der Schweißstelle eine möglichst hohe elektrische Leistung angewendet. Die Schweißtemperatur wird daher sehr schnell erreicht, so daß schon nach kurzer Zeit die Energiezufuhr zur Schweißstelle unterbrochen und die erhitzten Teile durch die Elektrodenkraft vereinigt werden müssen. In der Praxis wird die Zeit vom Einschalten bis zum Ausschalten des Schweißstromes als Stromzeit bezeichnet (s. auch S. 43). Der Verlauf der Erhitzung und Verschweißung eines Werkstückes ist daher durch die Elektrodenkraft, den Schweißstrom und die Stromzeit bestimmt, so daß allen Widerstandsschweißmaschinen und -verfahren die Einrichtungen zum Erzeugen und Einstellen dieser Größen gemeinsam sind.

7. **Vier Widerstandsschweißverfahren.** Es werden unterschieden: die Punkt-, die Rollennaht-, die Buckel- und die Stumpfschweißung. Beim *Punktschweißen* (Abb. 7)

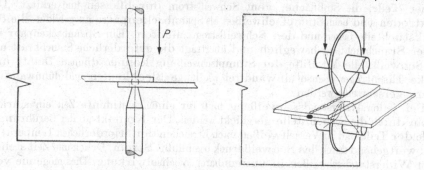

Abb. 7. Punktschweißen   Abb. 8. Rollennahtschweißen
Abb. 7 u. 8. Hohe Stromdichte in der Schweißstelle wird durch beschränkte Berührungsflächen der Elektroden bei beliebiger Berührung der Werkstückteile erzeugt

durchfließt der Schweißstrom zwischen spitzen Elektroden zwei aufeinanderliegende flache Teile in der Querrichtung auf einem kleinen Querschnitt, einem „Punkt", der schnell erwärmt und verschweißt wird. Auch beim *Rollennahtschweißen* (Abb. 8) wird der Schweißstrom zum Durchfließen des Werkstückes zwischen den kleinen Berührungsflächen des Rollenpaares und zum Erzeugen einzelner Schweißpunkte gezwungen. Durch Vorschub des Werkstückes zwischen den Rollen werden die in schneller Folge geschweißten Einzelpunkte zu einer offenen oder geschlossenen Naht aneinandergereiht. Die Punkt- und Rollennahtschweißung werden vorwiegend für das feste oder dichte Verschweißen von Blechen benutzt.

Beim Punkt- und Rollennahtschweißen wird also der Weg des Schweißstromes von außen durch die Berührungsflächen des Elektrodenpaares bestimmt. Während der Schweißung liegen die Werkstückteile fest aufeinander. Beim Buckel- und Stumpfschweißen (Abb. 9 u. 10) dagegen wird der Weg des Schweißstromes und die Stromdichte durch beschränkte Berührungsflächen zwischen den Werkstückteilen selbst, also von innen her bestimmt. Die Berührungsflächen der Elektroden mit dem Werkstück

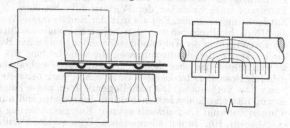

Abb. 9. Buckelschweißen   Abb. 10. Stumpfschweißen
Abb. 9 u. 10. Hohe Stromdichte in der Schweißstelle wird durch beschränkte Berührungsflächen der Werkstückteile erzeugt

verlieren hierbei ihren Einfluß auf die Lage der Schweißstellen und die Stromdichte.

Beim *Buckelschweißen* (Abb. 9) werden an dem einen der zu verschweißenden Werkstückteile kleine buckel- oder dachartige Erhöhungen vorgesehen, die allein das andere Teil berühren. Der Schweißstrom wird durch großflächige Elektroden zugeführt und muß sich durch die kleinen Berührungsflächen der Buckel zwängen. Diese werden so schnell und gleichmäßig erhitzt, daß eine größere Zahl von Buckelschweißpunkten oder eine Buckelnaht in einem Arbeitsgang geschweißt werden kann. Während der Schweißung werden die Buckel zurückgepreßt, die Werkstückteile bewegen sich also um die Buckelhöhe zueinander. Die Buckelschweißung eignet sich besonders für das Verbinden von Massenteilen, bei denen die Buckel ohne besonderen Arbeitsgang während der spanlosen oder spanbildenden Vorbereitung der Teile angebracht werden können.

Beim *Stumpfschweißen* (Abb. 10) schließlich wird die gesamte Berührungsfläche zweier Teile, die Stoßfläche, vom Schweißstrom durchflossen und erhitzt. Die Elektroden sind beim Stumpfschweißen als Spannbackenpaare ausgebildet, die die Werkstückteile fassen und den Schweißstrom zuführen. Ein Spannbackenpaar ist in der Stauchrichtung beweglich und überträgt die erforderliche Stauchkraft auf die Schweißstelle. Mit Hilfe der Stumpfschweißung können dünnste Drähte und starke Eisenträger ebenso einwandfrei wie lange Blechkanten und dünnwandige Rohre verschweißt werden.

Bei jeder Widerstandsschweißung muß für eine bestimmte Zeit ein starker Strom durch die Schweißstelle geschickt werden. Der Kontakt an der Berührungsstelle der Teile und ihr Verschweißen nach Erreichen der erforderlichen Temperatur wird weitgehend durch den Schweißdruck beeinflußt. Strom, Druck und Zeit stehen beim Widerstandsschweißen in untrennbarer Wechselwirkung. Dies möge nie vergessen werden, wenn sie in den folgenden Kapiteln getrennt behandelt werden.

B. Schweißstrom

8. Stromquelle. Der Schweißstrom bringt die Schweißstelle auf die gewünschte Temperatur. Seine Stärke wird durch den Widerstand der Schweißstelle und durch die Elektrodenspannung bestimmt. Der Stromfluß muß für eine genügende Dauer aufrechterhalten werden, damit die zur Erhitzung erforderliche elektrische Arbeit zugeführt wird. Um die Wärmeverluste klein zu halten (s. Abschn. 4), muß die Schweißstelle in möglichst kurzer Zeit erwärmt werden. Die hierfür nötige hohe Wärmeleistung kann nur durch einen starken Strom und eine hohe Stromdichte (A/mm²) in der Schweißstelle erzeugt werden.

Die Stromquelle der ersten je vollzogenen Widerstandsschweißung war ein Kondensator. Als Elihu Thomson im Jahre 1877 mit Leydener Flaschen experimentierte, wurden bei einer Entladung die beiden sich zufällig leicht berührenden Drahtenden verschweißt. So wurde Thomson zum Entdecker der Widerstandsschweißung. Für lange Jahre blieb jedoch diese Entdeckung ungenutzt. Erst als mit der Einführung des Wechselstromes in städtischen Netzen die Möglichkeit gegeben war, den hohen Schweißstrom durch Umspanner zu erzeugen, begann die Entwicklung der Widerstandsschweißung auf breiter Basis. Die Umspanner entnehmen für die kurzen Zeiten des Stromflusses die volle Leistung aus dem Netz. So haben Widerstandsschweißmaschinen einen hohen Anschlußwert, verbrauchen aber relativ wenig elektrische Arbeit. Besonders für kleinere oder schon stark belastete Netze sind sie daher recht unerwünschte Verbraucher. Die naheliegende Idee, in den langen Schweißpausen Energie zu speichern, hat erst in den letzten beiden Jahrzehnten und nur für Sonderzwecke Bedeutung gewonnen, obwohl eine Schweißung mit Energiespeicherung am Anfang der Entwicklung stand (s. Abschn. 10). In den allermeisten Widerstandsschweißmaschinen findet man einen Umspanner oder Transformator als Stromquelle.

9. Einphasenmaschinen. a) Der Umspanner besteht aus einer Ober- und einer Unterspannungswicklung, die durch einen Eisenkern elektromagnetisch verbunden sind (Abb. 11). Im Schweißmaschinenumspanner wird die Oberspannungsseite, die Primärwicklung, vom Netzstrom durchflossen. Die Unterspannungsseite, die Sekundäre, besteht nur aus einer Windung mit sehr großem Querschnitt und guter Leitfähigkeit, die mit der Ober- und Unterelektrode leitend verbunden ist. Die vom

Netzstrom durchflossenen Windungen erzeugen im Eisenkern einen magnetischen Fluß, der in der Sekundäre eine Spannung induziert. Das Verhältnis der einen oder mehrerer Sekundärwindungen zur Zahl der wirksamen Primärwindungen nennt man das Übersetzungsverhältnis des Umspanners, durch das bei gegebener Netzspannung die Elektrodenspannung bestimmt wird. Werden z. B. 150 Windungen eines Schweißumspanners, dessen Sekundäre *eine* Windung hat, an eine Spannung von 220 V gelegt, so ist die Elektrodenspannung im Leerlauf $220 : 150 = 1,47$ V. Die Elektrodenspannung und damit die Höhe des Schweißstromes ist also einzustellen, indem mehr oder weniger Primärwindungen an die Netzspannung gelegt werden. Zum Einstellen der Leistung von Widerstandsschweißmaschinen sind daher die Umspannerspulen mit Anzapfungen versehen, durch die die Anzahl der stromdurchflossenen Windungen verändert werden kann. Bei höchster Leistungsstufe der Maschine liegt die geringstmögliche Windungszahl des Umspanners am

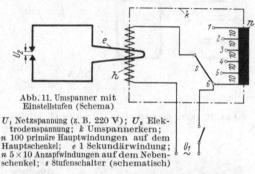

Abb. 11. Umspanner mit Einstellstufen (Schema)

U_1 Netzspannung (z. B. 220 V); U_2 Elektrodenspannung; k Umspannerkern; n 100 primäre Hauptwindungen auf dem Hauptschenkel; e 1 Sekundärwindung; n 5 × 10 Anzapfwindungen auf dem Nebenschenkel; s Stufenschalter (schematisch)

Schaltstellung des Hebels s	1	2	3	4	5	6
Übersetzungsverhältnis	1:150	1:140	1:130	1:120	1:110	1:100
Elektrodenspannung U_2 bei $U_1 = 220$ Volt.	1,47	1,57	1,69	1,84	2,0	2,2

Netz, während bei der niedrigsten Leistungsstufe alle vorhandenen Windungen vom Strom durchflossen sind. Auch die Stärke des Schweißstromes ist annähernd aus dem Übersetzungsverhältnis zu berechnen. Nimmt z. B. der Umspanner nach Abb. 11 auf Stufe *1* (150 Wdg.) einen Primärstrom von 30 A auf, so fließt in der Sekundäre ein Schweißstrom von etwa $30 \cdot 150 = 4500$ A.

Die Primärwicklung des Umspanners wird aus Kupferdraht oder -band hergestellt. Die einzelnen Windungen werden durch Umwickeln mit Band oder Papierzwischenlagen voneinander isoliert, und die ganze Spule wird durch Tauchen in Isoliermasse und nachfolgendes Trocknen im Ofen gefestigt. Bei stärkeren Maschinen mit größeren Kupferquerschnitten wird die Wicklung in einzelne Spulen aufgelöst, die mit einigem Abstand voneinander auf dem Kern befestigt werden. Zwischen den einzelnen Spulen ist Raum zum Durchtritt von Kühlluft gelassen. Die Spulen müssen untereinander und auf dem Eisenkern gegen seitliche Verschiebung sorgfältig festgelegt werden, weil sie beim Einschalten des Schweißstromes zu wandern versuchen. Der Eisenkern ist zum Vermeiden von Wirbelströmen aus dünnen gegeneinander isolierten Blechen geschichtet. Nach der Form des Kernes unterscheidet man Kern-, Paket- und Ringumspanner (Abb. 12···14). Beim Kernumspanner wird der von der Sekundäre umschlossene Teil als „Hauptschenkel" bezeichnet, der auch die „Hauptwindungen" der Primärwicklung trägt, während die Anzapfwindungen auf dem Nebenschenkel angeordnet sind.

Das elektrische Verhalten des Umspanners, die Kennlinie, ist von seinem Aufbau abhängig. Je enger die Koppelung zwischen Primäre und Sekundäre ist, desto „härter" arbeitet die Maschine. Daher arbeiten Paket- bzw. Ringumspanner mit zwischen den Primären angeordneten Scheibensekundären am härtesten, Kernumspanner mit offenen Sekundären dagegen „weich". Mit der Verfeinerung der Steuerungen für Schweißmaschinen ist der weich arbeitende Kernumspanner vom Paketumspanner mit hohem Wirkungsgrad und Leistungsfaktor verdrängt worden.

Beim Paketumspanner sind die Spulen und die Sekundäre auf dem Mittel-schenkel des Eisenkernes angeordnet. Die beiden Außenschenkel umschließen die Spulen und halten so den magnetischen Kraftfluß eng geschlossen.

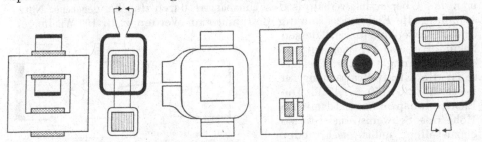

Abb. 12. Kernumspanner   Abb. 13. Paketumspanner   Abb. 14. Ringumspanner

Abb. 12···14. Bauformen der Schweißmaschinenumspanner

Abb. 15. Ansicht eines Paketumspanners
(Siemens)

In Abb. 15 ist ein solcher Transformator in der Ansicht gezeigt, und zwar von der Seite des Stufen-schalters. Die einzelnen Bauelemente gibt Abb. 16 wieder. Die Pos. 4 zeigt die sogenannten Schnittband-kerne, nach denen diese Transformatoren auch häufig benannt werden. Sie bestehen aus kaltgewalzten Blechen mit magnetischer Vorzugsrichtung, welche die magnetische Sättigung durch besonders niedrige Magnetisierungsleistung ermöglichen. Die Ummagneti-sierungsverluste konnten bei solchen Blechen auf rund die Hälfte gesenkt werden. Durch geeignete Ober-flächenbehandlungen ist der Füllfaktor von 93% auf 97% gestiegen. Um der magnetischen Vorzugsrichtung nicht verlustig zu gehen, müssen die Kerne aus band-förmigen Blechen gewickelt werden [2].

Die Sekundäre besteht bei kleineren Ma-schinen aus Bandkupfer oder Litze, die mit

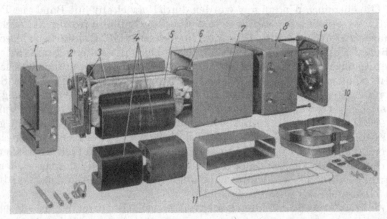

Abb. 16. Einzelteile des Paketumspanners Abb. 15 (Siemens)
1 sekundärseitige Gehäusekappe; 2 und 3 Sekundärspulen mit Anschlüssen; 4 Schnittbandkern; 5 Primärspule; 6 Primäranschlüsse; 7 Gehäuse; 8 primärseitige Gehäusekappe (für Umstellereinbau); 9 Flachbahnumschalter; 10 Spannband für Schnittbandkerne; 11 Isolierteile für die Spulen

den Elektroden der Maschine verbunden wird. Bei größeren Maschinen wird sie aus Kupferplatten gefertigt oder aus Kupfer gegossen und nur durch einen biegsamen Teil aus Blattkupfer oder starker Kupferlitze mit der beweglichen Elektrode verbunden. Für den Fall, daß von der Primär- zur Sekundärwicklung ein Überschlag stattfindet, der z. B. durch mechanische Beschädigung oder Feuchtigkeit entstehen kann, ist die *Sekundärseite* sicher zu *erden*, damit die Bedienungsperson in solch einem Fall nicht mit der Netzspannung in Berührung kommt. Bei Vielpunkteinrichtungen ist dies jedoch nicht immer möglich, da es innerhalb der verschiedenen Sekundärkreise zu Ausgleichsströmen führt, die das sichere Schweißergebnis gefährden. Man kann sich in solchen Fällen dadurch helfen, daß man die Elektroden stromlos aufsetzt, dann die Transformatoren primärseitig zweipolig über ein mechanisches Schaltschütz an die Netzspannung bzw. die Steuerung legt und vor dem Abheben der Elektroden wieder vom Netz trennt.

b) Verluste. Alle Leiter des Schweißstromkreises müssen zum Führen des starken Schweißstromes genügend Querschnitt haben und an ihren Verbindungsstellen mit reichlichen Berührungsflächen und hoher Anpressung verbunden werden. Trotz ihrer guten Leitfähigkeit erwärmen sich die Schweißstromleiter um so mehr, je stärker der Schweißstrom und je höher die relative Einschaltdauer (ED), d. h. das Verhältnis von Schweißzeit zur Gesamtzeit eines Arbeitsspieles ist. Bei kleineren Punktschweißmaschinen kann diese Verlustwärme an die umgebende Luft abgeführt werden, während bei größeren, insbesondere bei Naht- und Stumpfschweißmaschinen mit großer relativer Einschaltdauer alle leitenden Teile des Schweißstromkreises wirksam durch Wasser gekühlt werden müssen. Luftgekühlte Sekundären werden trotz ihrer größeren Querschnitte und kleineren Verluste heißer als wassergekühlte, weil der Wärmeübergang an Luft schlechter ist als an fließendes Wasser. Für die Elektroden und ihre Halter selbst ist Wasserkühlung unerläßlich, weil diese Teile außer der Verluststromwärme zusätzlich vom erhitzten Werkstück Wärme aufnehmen. Schließlich entstehen auch im Umspannerkern und in der Oberspannungswicklung Verluste, die jedoch gegenüber den Verlusten im Schweißstromkreis unbedeutend sind. Die in den einzelnen Teilen des Schweißstromkreises entstehenden Verlustwärmemengen entsprechen den Ohmschen Widerständen der einzelnen Leiterteile (vgl. Abb. 5 u. 6). Zum Decken all dieser Verluste ist der Schweißmaschine vom Netz eine wesentlich höhere Leistung zuzuführen, als zwischen den Elektroden nur für das Erwärmen des Werkstückes erforderlich wäre.

Außer den wärmeerzeugenden Jouleschen Verlusten entstehen aber in Widerstandsschweißmaschinen weitere Verluste, die durch den Wechselstrombetrieb bedingt sind. Alle vom Wechselstrom durchflossenen Leiter umgeben sich mit einem magnetischen Wechselfeld, dessen Auf- und Abbau ein Nacheilen des Stromes hinter der aufgedrückten Spannung verursacht. Diese Phasenverschiebung vermindert das für die Wärmeleistung maßgebende wirksame Produkt aus Spannung und Strom, die Wirkleistung. Von der in

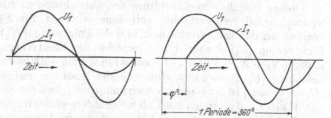

Abb. 17. Nur Ohmscher Widerstand: U_1 und I_1 in Phase, Wirkleistung $N = U_1 \cdot I_1$

Abb. 18. Ohmscher und induktiver Widerstand: I_1 eilt U_1 um $\varphi°$ nach, Scheinleistung $N = U_1 \cdot I_1$; Wirkleistung $N_w = N \cdot \cos \varphi$; $\cos \varphi$ = Leistungsfaktor

Abb. 17 u. 18. Phasenverschiebung und Leistungsfaktor

die Maschine geschickten Scheinleistung N steht also nur ein Teil $N_w = N \cos \varphi$ für das Erzeugen der Schweiß- und Verlustwärme zur Verfügung, während ein anderer Teil, die Blindleistung $N_B = N \sin \varphi$ ohne fühlbare Verlustwärme nur für den Auf- und Abbau der magnetischen Felder verbraucht wird (Abb. 17 u. 18). Dieser *induktive Verlust* hängt von der Sättigung des Eisenkernes und von der Koppelung der Sekundäre ab. Er wächst mit der Länge des Schweißstromweges und mit der von ihm umschlossenen Fläche. Hieraus erklärt sich, daß Schweißmaschinen mit großer Armausladung und -öffnung für die gleiche Schweißleistung viel höhere Scheinleistungen aufnehmen müssen. Die induktiven Verluste wachsen ferner mit der Frequenz. Schweißmaschinen mit mittelfrequentem Wechselstrom (300 ··· 1000 Hz), deren Bau wegen ihres geringeren Eisen- und Kupferaufwandes angestrebt wird, sind daher nur für kurze und eng geschlossene Sekundärwege geeignet. Niederfrequenter Wechselstrom oder Gleichstrom sind ideal für Schweißmaschinen mit großen Armausladungen.

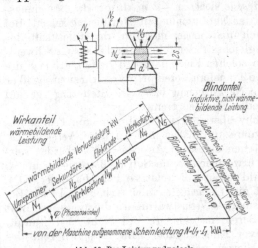

Abb. 19. Das Leistungsdreieck

Schweißleistung: $N_5 = 4{,}184 \cdot \dfrac{d^2 \cdot \pi \cdot 2s \cdot \gamma \cdot c_m \cdot \Theta}{4 \cdot T}$

Wirkleistung zwischen den Elektroden: $N_3 + N_4 + N_5 = U_2 \cdot I_2 \cdot \cos \varphi$

darin: $\dfrac{d^2 \cdot \pi}{4} \cdot 2s \cdot \gamma$ = Gewicht des Schweißbutzens

c_m mittlere spez. Wärme; Θ Schweißtemperatur;
T Stromzeit

c) Leistungsdreieck und Kennlinie (Abb. 19 u. 20) geben eine Übersicht über den Verlauf der Leistungen in der Schweißmaschine. Wir gehen aus von der Schweißleistung, d. h. der elektrischen Leistung N_5, die während der Stromzeit zum Erwärmen des Schweißbutzens auf Schmelztemperatur erforderlich ist. Das Verhältnis dieser Schweißleistung zu der von der Maschine aufgenommenen Wirkleistung ($U_1 \cdot I_1 \cdot \cos \varphi$) ist der Gesamtwirkungsgrad

$$\eta_{ges} = 4{,}184 \cdot \frac{\pi \, d^2 \cdot 2s \cdot \gamma \cdot c_m \cdot \Theta}{4 \cdot T \cdot U_1 \cdot I_1 \cdot \cos \varphi} \approx 2 \cdots 10\,\%. \qquad (13)$$

Dieser für alle schweißtechnischen Betrachtungen ausschlaggebende Gesamtwirkungsgrad verbessert sich mit dem Verkürzen der Stromzeit. Durch Wärmeverlust an das kalte Werkstück und die Umgebung (N_4), sowie an die gekühlten Elektroden (N_3) ist aber schon zwischen den Elektrodenspitzen eine erhöhte Leistung ($N_3 + N_4 + N_5 = U_2 \cdot I_2 \cdot \cos \varphi$) in Wärme umzusetzen. Das Verhältnis dieser Leistung ($U_2 \cdot I_2 \cdot \cos \varphi$) zu der von der Maschine aufgenommenen Wirkleistung ($U_1 \cdot I_1 \cdot \cos \varphi$) ist der Maschinenwirkungsgrad (etwa $50 \cdots 90\,\%$). In den Elektroden mit Haltern, den Armen und der Sekundäre entsteht weitere Verlustwärme, die mit den kleinen Kupfer- und Eisenverlusten im Umspanner durch die Leistungen N_2 und N_1 zu decken sind. Diese Verluste wachsen mit der Belastung der Leitungsquerschnitte durch den Schweißstrom. Der Maschinenwirkungsgrad ($U_2 \cdot I_2 \cdot \cos \varphi : U_1 \cdot I_1 \cdot \cos \varphi$) verschlechtert sich also mit wachsender Belastung der Maschine.

Der größte Anteil der Blindleistung entsteht zwischen den Elektrodenarmen (N_8). Dieser Anteil wächst mit der Ausladung und der Armöffnung, sowie mit Eisenmassen, die zwischen die Arme gebracht werden. Die gesamte Blindleistung nimmt außerdem mit der Belastung der Schweißmaschine zu. Infolge der von ihr verursachten Phasenverschiebung müssen wir also der Schweißmaschine eine Scheinleistung $N = U_1 \cdot I_1$, also gleich dem Produkt des der Maschine zugeleiteten Stromes und der Netzspannung, zuführen. Das Verhältnis der Wirkleistung N_w zur Scheinleistung N ist der Leistungsfaktor $\cos \varphi$ (etwa $0,5 \cdots 0,9$). Ein Wattmeter im Netzstromkreis zeigt die Wirkleistung und ein Arbeits-(kWh)-Zähler die Wirkarbeit, d. h. das Produkt aus Wirkleistung und Stromzeit an. Der niedrige Leistungsfaktor der Widerstandsschweißmaschinen ist für die Elektrizitätslieferer nicht angenehm. Bei größeren Schweißanlagen wird daher auch die Blindarbeit gemessen und berechnet. In Betrieben mit vielen Widerstandsschweißmaschinen ist auch eine Kompensation des Blindstromes durch Kondensatoren zu empfehlen, damit der Leistungsfaktor verbessert und die Kosten der elektrischen Energie gesenkt werden. Einzelne Maschinen werden nur in besonderen Fällen kompensiert.

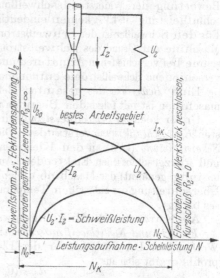

Die Zunahme der wärmebildenden und blinden Verlustleistung mit der Belastung bestimmt die *Kennlinie* (Charakteristik) der Schweißmaschine (Abb. 20). Zum Erzeugen der Leerlaufspannung an den geöffneten Elektroden nimmt die

Abb. 20. Kennlinie einer Punktschweißmaschine
U_2, I_2, $N_2 = f(N)$

Maschine eine kleine (Magnetisierungs)-Leerlaufleistung N_0 auf. Nach dem Schließen der Elektroden entsteht ein Schweißstrom I_2, der mit dem Vermindern des Schweißwiderstands R_2 wächst und die Leistungsaufnahme N der Maschine erhöht. Mit der wachsenden Belastung fällt die Elektrodenspannung U_2, weil immer mehr Leistung

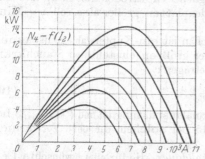

Abb. 21. Abhängigkeit der Schweißleistung vom sekundären Schweißstrom für 6 Transformatorenstufen einer Maschine

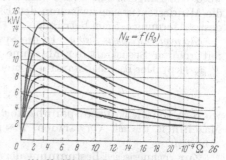

Abb. 22. Abhängigkeit der Schweißleistung vom Schweißwiderstand für 6 Transformatorenstufen einer Maschine

auf dem Wege durch die Maschine als Blind- und Wärmeverlust verlorengeht. Daher fällt die Wirkleistung zwischen den Elektroden ($U_2 \cdot I_2 \cdot \cos \varphi$) nach Überschreiten eines Höchstwertes wieder ab. Bei kurzgeschlossenen Elektroden nimmt schließlich die Maschine die höchstmögliche Leistung, die Kurzschlußleistung N_K, auf, die restlos in der Maschine vernichtet wird. In den Abb. 21 und 22 sind die Originalkennlinien einer Maschine, und zwar die Schweißleistung in Abhängigkeit vom Schweißstrom und vom Schweißwiderstand, wiedergegeben. Die Kennlinie ist für jede Regelstufe, Armausladung und -öffnung der gleichen Maschine anders. Am wirkungsvollsten arbeitet eine Schweißmaschine am Scheitel der Kennlinie.

Schweißtechnische Rücksichten verlangen jedoch oft das Arbeiten auf dem fallenden Teil, wobei ein schlechterer Wirkungsgrad und Leistungsfaktor in Kauf genommen werden müssen (vgl. Abschn. 17). Diese Ausführungen zeigen, daß die Bewertung der Widerstandsschweißmaschinen nach ihrer „Nenn“- oder „Anschlußleistung“ in kVA keinen eindeutigen Schluß auf ihre Schweißleistung zuläßt. Für den Schweißer ist der Schweißstrom selbst das Wichtigste. Beim Bewerten der Maschine auf Grund des Schweißstromes ist zu bedenken, daß der gleichen Maschine bei verschiedenen Armaturen und wechselnder relativer Einschaltdauer ganz verschiedene Schweißströme entnommen werden können.

Eine *Bewertung* des gesamten elektrischen Teiles der Widerstandsschweißmaschinen ist mit folgenden Begriffen möglich:

Unter höchster *Schweißleistung* wird im allgemeinen 0,8 des Wertes der höchsten *Kurzschlußleistung* verstanden[1]. Die höchste Kurzschlußleistung ist die höchste *Scheinleistung* (kVA) an den Klemmen der Maschine bei höchster Reglerstellung und kurzgeschlossenen Elektroden. Außerdem ist die *Dauerleistung* (auch Nennleistung genannt) der Maschine diejenige, welche bei 50% Einschaltdauer keine Überschreitung der zulässigen Temperatur des Transformators bzw. Sekundärkreises bringt.

Als Kurzschlußbedingungen werden von der ISO empfohlen:

Punkt- und Nahtschweißmaschinen: Kurzschließen von Elektroden, also ohne Werkstück. Der Durchmesser der Elektrodenspitze oder die Breite des Rollenprofils ergibt sich aus

$$d_2 = (0,5 \pm 0,05)\,\sqrt{P}, \tag{14}$$

wo P in kp die höchstmögliche Elektrodenkraft der Maschine ist, jedoch soll d_2 mindest 2,5 mm betragen.

Buckelschweißmaschinen: Zwischen den Elektrodenplatten ist ein Kupferstab mit folgenden Abmessungen einzusetzen:

$$a = 0,012\,P + 75, \tag{15}$$

wo a die Länge in mm und P die höchstmögliche Elektrodenkraft in kp ist. Ist die Mindestentfernung zwischen den Elektrodenplatten größer als a, soll a = Mindestentfernung + 5 mm betragen.

Stumpfschweißmaschinen: In die Spannbacken ist ein Kupferstab einzuspannen mit größter Spannkraft der Maschine und der größten einstellbaren Stauchkraft P_{max} (kp). Der Backenabstand a in mm soll betragen:

$$a = 1,5\,\frac{P}{B} + 2, \tag{16}$$

wo B in mm die breiteste Spannbacke der Normalausrüstung ist und $P = P_{max}/3$ bei Maschinen, die mit Vorwärmen, $P = P_{max}/15$ bei solchen, die ohne Vorwärmen arbeiten.

Zur rechnerischen Bestimmung der *Einschaltdauer*, die für eine gewünschte Leistung zulässig ist, kann folgende Formel dienen:

$$N_B = N_N \sqrt{\frac{50}{ED_B}}, \tag{17}$$

wo N_B = Betriebsleistung, N_N = Nennleistung bei 50% Einschaltdauer; ED_B = Einschaltdauer bei N_B. Die Einschaltdauer errechnet sich nach:

$$ED = \frac{t_1}{t_1 + t_2} \cdot 100, \tag{18}$$

---

[1] Die hier angegebenen Begriffe und Werte sind im wesentlichen den ISO (Internationale Normen-Organisation)-Vorschlägen angeglichen (ISO – Technischer Ausschuß 44 – TC 44-Sekretariat 161 – Schweißen).

wo t_1 die Summe der Stromzeiten (s. S. 9 oben) und t_2 die Summe der Stromruhe-zeiten und Strompausen für den betrachteten Zeitabschnitt ist (s. auch S. 43).

10. Speichermaschinen. Der Gedanke, Energie in den Pausen zwischen den einzelnen Schweißungen zu speichern, wurde wieder belebt, als beim Punktschweißen von Aluminium und seinen Legierungen immer höhere Leistungen und kürzere Schweißzeiten verlangt wurden.

Das Grundsätzliche der Anordnung von THOMSON (Abschn. 8) ist auch heute noch in allen Schweißmaschinen mit *elektrostatischer* Energiespeicherung zu finden:

Eine Batterie von Kondensatoren wird in der Schweißpause durch Gleichstrom aufgeladen. Die Menge der gespeicherten Energie ist durch die Kondensatorfläche und die Ladungsspannung bestimmt. So kann man durch Hinzu- und Abschalten von Kondensatoren und durch Regelung der Ladespannung genau

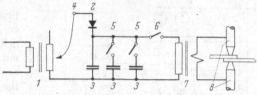

Abb. 23. Schaltschema einer elektrostatischen (kapazitiven) Energiespeicherung. Erläuterung s. Text

die gewünschte Energiemenge speichern. Der Ladegleichstrom wird aus dem Netzstrom erzeugt. Durch einen Transformator *1*, s. Abb. 23, wird seine Spannung auf oft mehrere Tausend Volt erhöht, durch einen Gleichrichter *2* in Gleichstrom verwandelt und in die Kondensatoren *3* geladen. Die Ladespannung kann durch Anzapfungen *4* der Transformatorwicklung, die Kapazität der Batterie durch Hinzuschalten von Kondensatoren mit den Schaltern *5* gewählt werden. Nach dem Schließen der Elektroden *8* auf dem zu schweißenden Werkstück wird der Schalter *6* geschlossen, die gesamte Energie der Kondensatoren in sehr kurzer Zeit in den Schweißtransformator entladen und in einen starken Stromstoß verwandelt. Dieses einfache Prinzip findet man mit geringen Abwandlungen in den Kleinstpunktschweißmaschinen, z. B. für das Schweißen feiner Drähte. Bei den großen Speichermaschinen für das Schweißen von Leichtmetallen und legierten Stählen wird Netzdrehstrom gleichgerichtet. Umfangreiche Steuereinrichtungen (Abschn. I. E) sind entwickelt worden, mit deren Hilfe diese Maschinen schwierigste Aufgaben der Punkt- und Nahtschweißung lösen können.

Die ,,*induktive*" Speicherung baut in einem Schweißmaschinenumspanner mit großem Luftspalt durch Speisung der Primärwicklung mit Gleichstrom ein starkes magnetisches Feld auf (Abb. 24). Beim Unterbrechen des Ladegleichstromes durch einen Höchststromausschalter bricht dieses Feld plötzlich zusammen und induziert in der Sekundären einen starken Schweißstromstoß. Wird das Feld z. B. in etwa 1 sek aufgebaut und entlädt sich die Maschine während der Stromzeit von 0,1 sek mit 400 kVA, so wird das Netz nur mit einer mittleren Ladeleistung von etwa 40 kVA

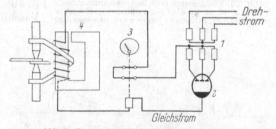

Abb. 24. Punktschweißmaschine mit induktiver Energiespeicherung
1 Vorumspanner; *2* Quecksilberdampf-Gleichrichter; *3* Höchststrom-Ausschalter; *4* Schweißmaschinenumspanner mit Luftspalt im Kern

belastet. Diese kann durch Gleichrichter oder Umformer dem Drehstromnetz mit gleicher Belastung aller drei Phasen entnommen werden.

Die rotierenden Massen von Umformern, besonders, wenn sie durch Schwungräder vergrößert werden, können in den Pausen Energie speichern, also ,,mechanisch", und während der kurzen Stromzeit abgeben. Da sich dabei die Drehzahl der Schwungmasse vermindert, tritt ein Frequenz- und Spannungsabfall auf. Durch entsprechende Maßnahmen in der Steuerung dieser Maschinen muß der nachteilige Einfluß des Leistungsabfalles aufgehoben werden.

Neben den „kapazitiven", „induktiven" und „mechanischen" Verfahren hat die Speicherung der Energie auf „chemischem" Wege, nämlich in Akkumulatorbatterien, niemals praktische Bedeutung gewonnen, obwohl einige Punkt- und Stumpfschweißmaschinen nach dieser Methode gebaut worden sind. Bei dieser Speicherung muß der Sekundärstrom selbst unterbrochen werden, weil im Gegensatz zu den oben beschriebenen Maschinen die gespeicherte Energie nie ganz verbraucht wird und auch am Ende der Stromzeit noch ein starker Strom fließt. Diese Schalter im Schweißstromkreis sind schwerfällig und unterliegen großer Abnutzung.

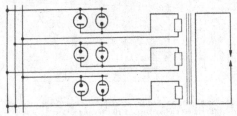

Abb. 25. Schaltschema einer Dreiphasenmaschine

11. Dreiphasenmaschinen. Aus den Erläuterungen in Abschn. 9b ging hervor, daß die induktiven Verluste im Schweißstromkreis mit der Frequenz, mit der vom Sekundärkreis umschlossenen Fläche und mit der in das magnetische Feld der Sekundäre hineinragenden Eisenmasse des Werkstückes wachsen. Reiner Gleichstrom wäre daher ideal für große Armausladungen und umfangreiche Werkstücke aus Eisen. Aber für den Gebrauch in größeren Widerstandsschweißmaschinen ist er schwer herzustellen und schalttechnisch zu beherrschen. Elektrostatische und -magnetische Speicherschweißmaschinen, die mit einem Gleichstromstoß arbeiten, vermeiden wenigstens einen Teil der induktiven Verluste, sind aber nur für kurze Stromzeiten zu brauchen. Eine weitere Möglichkeit, die induktiven Verluste zu vermindern, ohne die Vorteile der Versorgung aus dem Netz aufzugeben, bietet die Erniedrigung der Frequenz des Schweißstromes.

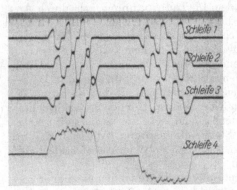

Abb. 26. Oszillogramm einer Dreiphasenmaschine
Schleife 1—3 Strom des Dreiphasennetzes; *Schleife 4* Schweißstrom; Stromzeit 3 Perioden mit Stromanstieg

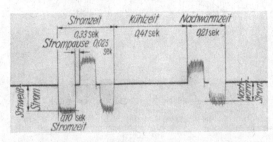

Abb. 27. Schweißstrom-Oszillogramm für ein Nachwärmprogramm einer Dreiphasenmaschine. Genauere Zeitbezeichnungen s. Abb. 79, S. 43

Schweißmaschinen mit Frequenzwandlung wurden erst durch die Entwicklung der Röhrensteuerung möglich (s. Abschn. 21). Der Transformator dieser Maschinen verwandelt aus dem Netz entnommenen Drehstrom in Einphasenwechselstrom mit niedriger Frequenz, der in einer Sekundäre der bekannten Bauweise dem Elektrodenpaar zugeführt wird. Die Primärseite dieses Transformators, s. Abb. 25, trägt drei voneinander unabhängige Wicklungen, die wie einzelne Transformatoren wirken, aber auf dem gemeinsamen Eisenkern sitzen. Durch Röhren werden diese Transformatoren in solcher

Zeitfolge ein- und ausgeschaltet, daß sich ihre Wirkungen addieren und im Kern an- und abschwellende Magnetisierung hervorrufen, die im Sekundärkreis einen

Schweißstrom mit einer niedrigeren Frequenz von z. B. $16^2/_3$ Hz erzeugt. Die induktiven Verluste im Schweißstromkreis dieser Maschine sind auf ein Drittel der Verluste einer Maschine mit Netzfrequenz herabgesetzt. Gleichzeitig wird der einphasige Strom der Elektroden gleichmäßig auf das Drehstromnetz verteilt.

In den Abb. 26 und 27 sind Oszillogramme der Netzströme und von Schweißströmen gezeigt.

C. Schweißdruck und Elektrodenkraft

In der Praxis wird häufig die Elektrodenkraft als „Schweißdruck" oder „Elektrodendruck" bezeichnet. Diese Bezeichnung ist fehlerhaft, da sich der Schweißdruck in kp/mm² erst aus dem Verhältnis der Elektrodenkraft P zur verschweißten Fläche F ergibt (Abb. 28). Sie wird erzeugt, indem das Werkstück zwischen den Elektroden mit einer bestimmten Kraft zusammengepreßt wird.

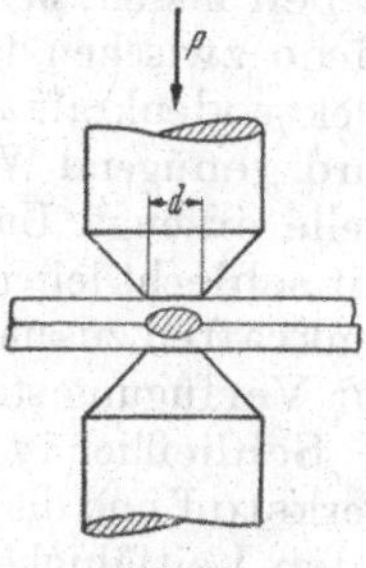

12. Druckverlauf. Die Kraft, mit der die Elektroden oder Spannvorrichtungen die Werkstückteile an der Schweißstelle zusammenpressen, erfüllt beim Widerstandsschweißen mehrere grundsätzliche Aufgaben:

a) Während der *Erwärmung* müssen die Teile nur so weit zusammengepreßt werden, daß der Strom durch die Schweißstelle fließen kann, ohne den Werkstoff durch Funken- oder Lichtbogenbildung zu beschädigen (nur bei den Abbrennverfahren wird dieser Vorgang gewünscht).

b) Während des *Schweißens* muß der Druck genügend hoch sein, um den erwärmten Werkstoff zum Fließen und zur metallischen Verbindung zu bringen.

Abb. 28
Schweißdruck $p = P/F$
P Elektrodenkraft (kp);
F Elektrodenfläche $d^2\pi/4$;
d Elektroden-Durchmesser
$\approx$ Punktdurchmesser

c) Nach dem Schweißen, also *nach Abschalten* des Schweißstromes, muß die Schweißstelle noch weiter unter Druck gehalten werden, bis sie genügend abgekühlt ist.

Bei einfachen Schweißungen wird der Druck meist auf einem Mittelwert konstant gehalten, während er bei allen schwierigeren Schweißungen nach einem durch Versuche ermittelten Programm während des zeitlichen Ablaufes verändert wird. Als grundsätzliches Beispiel sei das Druck-Zeit-Diagramm eines typischen Programms für eine Punktschweißung in Abb. 29 gezeigt:

Nach dem Schließen der Elektroden von a bis b steigt der Schweißdruck von b bis c auf einen Wert p_1 an, der genügt, um den Formwiderstand der Teile zu überwinden und guten Kontakt herzustellen. Vor dem Einschalten des Stromes bei e wird der Druck auf p_2 erniedrigt,

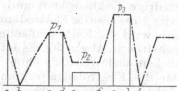

Abb. 29. Druck-Zeit-Diagramm für eine Punktschweißung

um genügend elektrischen Widerstand zur Hitzeentwicklung in der Schweißstelle zu erzeugen. Nach dem Einschalten des Stromes bei e steigt die Temperatur der Schweißstelle schnell an. Ist die Schweißtemperatur erreicht, wird bei f der Strom abgeschaltet und der Druck auf p_3 erhöht, um den erweichten Werkstoff zu verschweißen. Während der Abkühlung wird der Druck p_3 bis zur Zeit h aufrechterhalten, bei der die Schweißstelle die volle Festigkeit erlangt hat. Bei h öffnen sich die Elektroden (s. auch S. 25).

Punktschweißungen an kohlenstoffarmen Blechen gelingen auf einfachen, fuß- oder kraftbetätigten Maschinen auch ohne Beachtungen dieser Grundsätze und bei konstanter Elektrodenkraft. Werden jedoch erhöhte Anforderungen an die Festigkeit und Gleichmäßigkeit der Schweißungen gestellt und sollen formsteife Teile, legierte Stähle, Leichtmetalle verschweißt werden, dann muß nicht nur der Druck, sondern auch die veränderliche Stromstärke einem genauen zeitlichen Plan oder Programm folgen (s. Abschn. I. D).

13. Erforderliche Elektrodenkraft. Nach der Grundgleichung (9) wächst die Wärmeentwicklung, gleichbleibenden Strom vorausgesetzt, mit dem Widerstand der Schweißstelle. Da der Widerstand von der Elektrodenkraft abhängt, so kann auch der Verlauf der Erwärmung unabhängig vom Werkstoff durch die Elektrodenkraft beeinflußt werden. Gut leitende Werkstoffe mit sauberen Oberflächen würden bei zu hoher Elektrodenkraft den Schweißstrom ohne genügende Erwärmung durchfließen lassen, weil durch das kräftige Zusammenpressen eine zu große Berührungsfläche zwischen den Werkstückteilen entstehen würde. Erst durch Verringern der Elektrodenkraft auf ein Maß, das nur eine Lockerberührung der Teile verursacht, wird genügend Widerstand und damit genügende Wärmeleistung an der Schweißstelle erzeugt. Umgekehrt müssen Teile mit hohem elektrischem Widerstand und mit schlecht leitenden Oberflächen, z. B. oxydierte Bleche, mit sehr hohen Elektrodenkräften zusammengepreßt werden, damit dem Strom genügend leitende Fläche zur Verfügung steht.

Schließlich ist bei der Bemessung der Elektrodenkraft auch auf den Elektrodenwerkstoff und die Elektrodenform Rücksicht zu nehmen. Wegen der erforderlichen guten Leitfähigkeit können die Elektroden nur aus Kupfer oder seinen Legierungen hergestellt werden. Das Punktschweißen zwingt zu Elektroden mit punktförmiger Spitze, deren Form trotz hoher Pressung und Erwärmung der Arbeitsflächen möglichst lange erhalten werden muß. Der Schweißdruck (Abb. 28) darf daher die Festigkeit des Elektrodenwerkstoffes im warmen Zustand nicht überschreiten. Aber auch zu geringer Schweißdruck begünstigt die Abnutzung der Elektroden, weil dann durch den Lockerkontakt zwischen Elektrode und Werkstückoberfläche kleine Lichtbögen entstehen, die die Elektrodenoberflächen angreifen und schnell zerstören.

Beim Punkt- und Nahtschweißen wird die Schweißstelle etwas zusammengestaucht. Dieser Vorgang ist bei jeder Preßschweißung unvermeidlich und zeigt sich z. B. an den punktgeschweißten Werkstücken durch kleine Eindruckstellen. Zu tiefe Eindrücke entstehen gelegentlich durch zu hohe, meist jedoch durch zu niedrige Elektrodenkraft und durch zu lange Stromzeiten, die das Einbrennen oder Einsinken der Elektrodenspitzen begünstigen. Bei normalen Punktschweißungen wird die Elektrodenfläche in einem bestimmten Verhältnis zur Blechdicke gehalten (s. Abschn. 36). Es ist üblich, beim Punktschweißen verschiedener Blechdicken und Werkstoffe ohne Rücksicht auf den Schweißdruck Erfahrungswerte für die Elektrodenkräfte anzugeben. Diese Werte geben nur einen ungefähren Anhalt, da durch Einflüsse des Werkstückes auch bei gleicher Elektrodenkraft ganz verschiedene Schweißdrücke entstehen können.

14. Erzeugen und Einstellen der Elektrodenkraft. Die Elektrodenkraft wird bei den kleinen Punktschweißmaschinen durch *Fußkraft* erzeugt. Zwischen den Fußhebel und den Oberarmhebel ist eine Feder geschaltet, deren Vorspannung verstellt werden kann und die nach Durchtreten des Fußhebels die Elektrodenkraft bestimmt. Bei größeren Maschinen wird die Elektrodenkraft meist durch Motorkraft (Abb. 30), Luft- oder Öldruck (Abb. 31) erzeugt. Im *Motorantrieb* sind Schlagbolzen- oder Klauenkupplungen vorgesehen, durch die die Elektrode in der Arbeits- oder Ruhestellung stillgesetzt wird. Für Punktschweißmaschinen können die Motorantriebe mit verschiedener Geschwindigkeit laufen, so daß die Zahl der Elektrodenhübe je Minute der Arbeitsweise anzupassen ist. Bei Nahtschweißmaschinen müssen die Getriebe die Elektrode in der Arbeitsstellung festhalten und erst nach erneutem

Betätigen loslassen. Die auf dem Markt befindlichen Motorantriebe sind für Durchlauf und für Einzelhübe, also für das Arbeiten mit Punkt- und Nahtschweißmaschinen eingerichtet. Auch bei motorbetriebenen Elektroden wird die Elektrodenkraft meist durch eine Feder bestimmt. Für genauere Arbeiten ist ein Maßstab am Federgestänge zu empfehlen, nach dem die einmal erprobte Vorspannung der Feder (Anfangskraft) und ihre Zusammendrückung während des Schweißens (Endkraft) jederzeit wieder eingestellt werden können (Abb. 32).

In weitem Umfang wird heute *Preßluft* für die Erzeugung der Elektrodenbewegung benutzt. Sie bietet folgende Vorteile für den Betrieb von Schweißmaschinen:

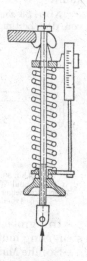

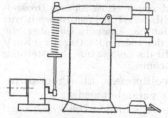

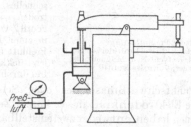

Abb. 30. Erzeugen durch Motorkraft, Einstellen durch Feder

Abb. 31. Erzeugen durch Preßluft oder Drucköl, Einstellen durch den Druck des Druckmittels

Abb. 32. Maßstab im Federgestänge: zeigt die Federvorspannung (Anfangskraft) und den Federweg während der Schweißung (Endkraft) an

Abb. 30 u. 31. Erzeugen und Einstellen der Elektrodenkraft

a) Große Freiheit im Aufbau der Maschine.

b) Schnelle Bewegung der Elektroden bei nur kleinen bewegten Massen.

c) Änderung der Elektrodenkraft innerhalb kurzer Zeiten. Ideal für Programmsteuerung des Schweißdruckes.

d) Große Auswahl von handelsüblichen Zylindern, Schalt- und Regelelementen für den einfachen Aufbau der Druckerzeugung und -steuerung der Maschinen.

Maschinen mit sehr hohen Elektrodenkräften, besonders Schweißpressen und Stumpfschweißmaschinen, werden vorwiegend durch *Öldruck* betätigt. Öldruck hat ähnliche konstruktive und betriebliche Vorteile wie die Preßluft, nur daß bei dem vielfach höheren Druck des Öles die Zylinder entsprechend kleiner ausfallen. Die hochentwickelten Steuerungen für Preßluft- und Öldruckbetrieb werden ausführlich im nächsten Abschnitt behandelt.

15. Technische Mittel zum Erzeugen der Elektrodenkraft. a) Beim Motorantrieb wird die Bewegung durch eine Kurbel auf das Federgestänge der Punkt- oder Nahtschweißmaschine übertragen (vgl. Abb. 30). Schnecken- oder Zahnradgetriebe vermindern die Motordrehzahl auf den gewünschten Wert. Durch Stufenscheiben oder Zahnradvorgelege kann die Arbeitsgeschwindigkeit weiter verändert werden. Beim Einstellen von Motorantrieben ist sehr darauf zu achten, daß die Kurbel bei zusammengedrückter Feder genau im Totpunkt stillgesetzt und durch eine wirksame Bremse festgehalten wird. Ein Motorantrieb mit Klauen- oder Schlagbolzenkupplung kann nur in der Ruhe- oder Arbeitsstellung anhalten. Wo auch Zwischenstellungen gebraucht werden, haben sich elektromagnetische Kupplungen bewährt. Besonders bei automatischen Schweißmaschinen mit vielen mechanischen Bewegungen ist die elektromagnetische Bremskupplung sehr wertvoll, weil sie das augenblickliche Anlaufen und Anhalten der Maschine in jeder Stellung gestattet.

b) Die überwiegende Mehrzahl aller Punkt- und Nahtschweißmaschinen ist heute luftbetätigt, da Preßluft in fast jedem Betrieb vorausgesetzt werden kann.

Abb. 33 zeigt eine typische einfache Preßluftanlage für eine Punktschweißmaschine: Die von der Leitung kommende Preßluft wird durch einen Filter und Wasserfang *1* zum Druck-

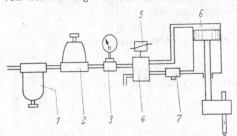

minderventil *2* geführt. Der Betriebsdruck hinter dem Ventil wird durch das Manometer *3* angezeigt, dessen Skala bei gegebener Kolbenfläche am besten für die Elektrodenkraft in kp geteilt wird. Wenn das Magnetventil *4–5* durch einen Fuß- oder Handdruckknopf eingeschaltet wird, wird die Luft in den Zylinderraum über den Kolben geleitet und preßt den Kolben *6* herunter. Zu schnelles, ,,hämmerndes" Schließen der Elektroden wird durch ein einstellbares Drosselventil *7* verhindert. Dieses Ventil drosselt nur in einer Richtung (Auspuff), läßt aber die Preßluft in der anderen Richtung zur schnellen Rückkehr des Kolbens in die Ruhestellung frei durchströmen.

Abb. 33. Einfache Preßluftanlage
1 Filter und Wasserfang; *2* Druckminderventil;
3 Druckanzeiger; *4* Magnetventil; *5* Magnetspule;
6 Arbeitszylinder; *7* Drosselventil

In großen Punktschweißmaschinen oder Schweißpressen mit Programmsteuerung muß die Elektrodenkraft in sehr kurzer Zeit verändert werden.

Solche Maschinen haben entweder zwei einstellbare verschiedene Drücke, die auf den gleichen Kolben wirken oder sie arbeiten mit zwei auf die Elektroden wirkenden Zylindern, die nacheinander gefüllt oder entleert werden (Abb. 34 u. 35). Bei diesen

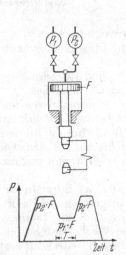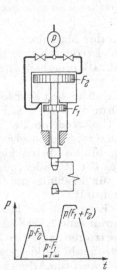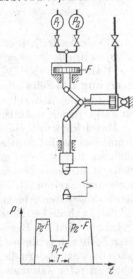

Abb. 34. Zwei Kraftstufen: 2 Luftdruckstufen p_1 und p_2 wirken auf die gleiche Kolbenfläche F

Abb. 35. Drei Kraftstufen: 2 verschiedene Kolbenflächen werden einzeln oder zugleich vom Luftdruck p beaufschlagt

Abb. 36. Huberzeugung durch Kniehebel; Kraftsteuerung nach Abb. 34 oder 35 bei kleinem Hubvolumen (kürzeste Füllzeiten des ,,Kissens")

Anordnungen erzeugen die Kolben auch den Elektrodenhub. Die Füllung oder Entleerung der Zylinder bei Druckänderungen erfordert daher eine gewisse meist genügend kurze Zeit. Werden Kraftänderungen in noch kürzerer Zeit verlangt, so wird der Elektrodenhub gesondert, z. B. durch einen Kniehebeltrieb erzeugt, die Elektrodenkraft selbst jedoch in einem Luft- oder Öldruckzylinder (Kissenwirkung) mit sehr kleinem Hubraum gesteuert (Abb. 36). Eine Membran an Stelle des Kolbens vermeidet die Fehler, die durch die Kolbenreibung, besonders bei Beginn der Bewegung entstehen können.

Es sei noch einmal ausdrücklich darauf hingewiesen, daß jede Steuerung der Elektrodenkraft sich nur bei gleichmäßiger, sorgfältiger Vorbereitung der Werkstücke (Oberfläche und

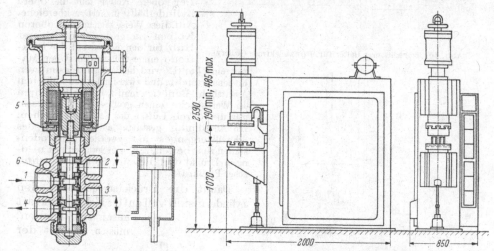

Abb. 37. Vierweg-Luftventil für doppeltwirkende Zylinder
1 Lufteinlaß; *2* zur Zylinderoberseite; *3* zur Zylinderunterseite; *4* Auslaß (zum Dämpfer); *5* Ventilspule; *6* Dichtungen

Abb. 38. Große preßluftbetätigte Buckelschweißmaschine für Dreiphasenanschluß (Sciaky)

Formsteifigkeit) und einwandfreier Pflege der Elektroden (Durchmesser) im gewünschten Sinne auf den Schweißdruck auswirkt. Dies wird in der Praxis oft leider nicht genügend beachtet.

Um recht kurze Zeiten für das Füllen und Entleeren der Zylinder, sowie für die Änderungen des Druckes zu erzielen, müssen Ventile mit möglichst großen Durchlaßöffnungen und genügendem Leitungsquerschnitt vorgesehen werden. Die Bauart eines bewährten Vierweg-Ventils zeigt Abb. 37. Preßluftbehälter unmittelbar vor dem Magnetventil wirken als Akku-

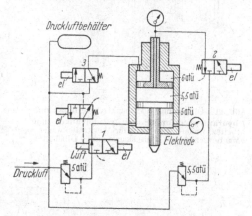

Abb. 39. Druckluftsystem (Sciaky) zu Abb. 38

mulator und verhindern Druckabfall, wenn plötzlich große Luftmengen verlangt werden. Der Vorwärm- und Schweißstrom wird in Abhängigkeit vom Luftdruck im Zylinder eingeschaltet. Hierfür werden handelsübliche Druckschalter benutzt, deren Kontakte sich bei einem genau einstellbaren Luftdruck schließen. Druckschalter sollen so nahe wie möglich, am besten mit einer eigenen Leitung an den *Zylinder* angeschlossen werden, damit sie bei schnellen Arbeitsspielen nicht schon auf den Druckanstieg in der Leitung ansprechen, bevor der gewünschte Druck im Zylinder herrscht.

Abb. 38 zeigt eine große Schweißmaschine mit pneumatischer Druckprogrammsteuerung. Sie kann wahlweise als Buckel- oder Punktschweißmaschine gebaut werden. Die Schweißstromversorgung erfolgt nach dem Dreiphasen-System (vgl. Abschn. 11). Der preßluftbetätigte obere Elektrodenstössel kann in drei Stellungen gefahren werden und hat zwei Druckbereiche. Das

Druckluftsystem ist in Abb. 39 schematisch dargestellt. Der Zylinder enthält 2 Kolben. Der untere ist mit dem Elektrodenträger verbunden. Der obere Kolben teilt die obere Zylinderhälfte in zwei Druckbereiche. Auf diese Weise kann mit dem oberen Kolben ein größerer und kleiner Hub für den Kolben mit der Elektrode eingestellt werden. Über Magnetventil 1 und 2 wird die Betätigung des unteren Kolbens erreicht, und zwar für den gewöhnlichen Arbeitshub. Benötigt man z. B. zum Einführen der Werkstücke einen größeren Hub, so kann man dies durch Lüften des Ventils 3 erreichen. Die Anordnung gestattet auch, während des Schweißvorganges mit zweierlei Elektrodenkräften zu arbeiten, z. B. Verschweißen mit niedrigem Druck und Erkalten des Punktes unter hoher Preßkraft.

Damit die Druckänderungen in den Zylindern sich voll auf die Elektrodenkraft auswirken können, müssen alle mit der

Abb. 40. Trägheitsarmer Halter für Punktelektrode (Mallory)

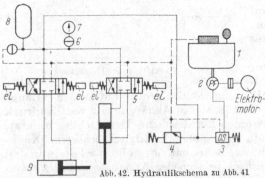

Abb. 41. Ölhydraulische Vielpunktschweißmaschine
1 hydraulischer Druckschalter; 2 Zuleitungen zum Arbeitszylinder; 3 Schienen für Werkstückwagen; 4 Magnetschieber; 5 Hydraulikaggregat; 6 Ölbehälter

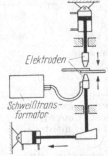

Abb. 43. Anordnung der Elektroden und Arbeitszylinder zu Abb. 41

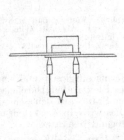

Abb. 44. Schweißstromkreis zu Abb. 41

Abb. 42. Hydraulikschema zu Abb. 41

1 Ölbehälter; 2 Pumpe (mit fester Fördermenge); 3 druckabhängiges Umschaltventil; 4 Druckbegrenzungsventil; 5 Magnetschieber (elektromagnetisch betätigtes 4-Wege-Steuergerät ohne drucklosen Umlauf in Mittelstellung); 6 Absperrschieber; 7 Manometer; 8 Hydraulikspeicher; 9 doppeltwirkender Arbeitszylinder

Elektrode bewegten Teile so leicht wie möglich gebaut sein. Außerdem müssen die Kolben, die Kolbenstangendichtungen und die Elektrodenführung mit einem Mindestmaß von Reibung arbeiten. Gute Pflege solcher Maschinen muß dafür sorgen, daß die freie Beweglichkeit erhalten bleibt.

Ein Minimum von Reibungs- und Trägheitswiderstand gegen die Elektrodenbewegung würde natürlich erreicht, wenn nur die Elektrodenspitze selbst der schnellen Bewegung, z. B. beim

Zusammensinken eines Schweißpunktes mit empfindlichem Werkstoff, folgen würde. Der Elektrodenhalter für kleinste Trägheit Abb. 40 kommt diesem Idealfall sehr nahe. Die Spitze und ihre Aufnahme sind durch eine Feder mit einstellbarer Kraft gegen den Halter abgestützt und durch biegsame Leiter mit ihm verbunden: So kann die Spitze sich schnellsten Bewegungen anpassen, während die größere Masse des Elektrodenhalters und -armes, der Kolben und Führungen langsamer folgt.

c) In großen Schweißpressen und Stumpfschweißmaschinen sowie in vielen automatischen (Vielpunkt-) Schweißmaschinen wird die Elektrodenkraft durch Öldruck erzeugt. In diese Maschinen sind die Pumpe und der Ölbehälter meist fest eingebaut. Auch für Öldruckanlagen sind alle Teile schon so weit entwickelt, daß sie handelsüblich zu haben sind.

Abb. 41 zeigt eine ölhydraulische Vielpunktschweißmaschine. Es sind 15 Elektrodenpaare hintereinander angeordnet. Der Hydraulik-Schaltplan und die Wirkungsweise der Arbeitszylinder sind in den Abb. 42 und 43 angegeben. Das Werkstück wird in die Aufnahmewagen eingelegt und auf den Schienen schrittweise von Schweißung zu Schweißung zwischen den Elektroden hindurchbewegt. Auch bei Hydraulikanlagen sollte man Druckspeicher vorsehen, da diese die Leerlaufzeit der Anlage nützen und eine raschere Punktfolge mit gleicher Pumpenleistung bringen. Abb. 44 zeigt den Schweißstromkreis.

Bei ölhydraulischen Maschinen ist zu beachten, daß sich die innere Reibung mit der Temperatur des Öles ändert. In kaltem Zustand sind solche Maschinen langsamer und können durch verzögerte Bewegungen Fehlresultate ergeben.

D. Stromzeit

16. Bedeutung der Stromzeit. Der früher benutzte Ausdruck „Schweißzeit" ist heute durch das korrekte Wort „Stromzeit" für die Einschaltzeiten des Schweißstromes ersetzt worden.

In der Stromzeit muß der Schweißstelle diejenige Wärmemenge zugeführt werden, die für das Erhitzen des Punktes auf die Schweißtemperatur erforderlich ist. Zur Verbesserung des Gesamtwirkungsgrades ist man bestrebt, stets mit möglichst hohen Strömen und kurzen Stromzeiten zu arbeiten (Abschn. 4). Mit dem Verkürzen der Stromzeit muß der Schweißstrom erhöht werden. Die kürzest mögliche Stromzeit ist erreicht, wenn der erforderliche Schweißstrom nicht mehr ohne Ausbrennungen von den Elektrodenflächen in den Werkstoff geleitet werden kann.

Bei legierten Stählen und Metallen, die meist sehr hohe Ströme für eine sichere Verschweißung verlangen, wird die gesamte Stromzeit auf mehrere Stöße oder Impulse verteilt, deren Dauer und Stärke nach einem Programm festgelegt sind. Abb. 45 zeigt das Diagramm einer typischen Mehrimpulsschweißung mit veränderlicher Stromstärke: Bei einem mäßigen Druck p_1 wird die Schweißstelle durch 2 Stromstöße vorgewärmt, bei erniedrigtem Druck p_2 mit 3 stärkeren Impulsen i_2 auf

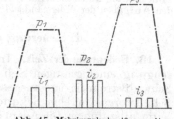

Abb. 45. Mehrimpulsschweißung mit veränderlicher Stromstärke

die Schweißtemperatur gebracht und schließlich mit dem hohen Druck p_3 „geschmiedet" und durch 3 schwache Stromstöße i_3 nachgeglüht.

Die Länge der Stromzeiten wird in Sekunden oder in Perioden angegeben. Der übliche Wechselstrom mit 50 hz hat 50 Perioden oder Schwingungen[1] je Sekunde. Einer Stromzeit von 1 Periode entsprechen also 0,02 sek, der Zeit einer Halbschwingung 0,01 sek (s. auch Tab. 4, S. 36).

[1] Für den vielfach gebräuchlichen Begriff „Welle" anstelle der Perioden wird nach DIN 40110 die Bezeichnung „Schwingung" verwendet.

Die weitere Bedeutung der Zeit und insbesondere der Stromzeit wird eingehend im Abschn. E behandelt. Dort werden auch die technischen bzw. elektrotechnischen Mittel zur genauen und wiederholbaren Bereitstellung besprochen.

17. Zusammenfassung. Nach der notwendigen getrennten Behandlung der einzelnen Einflußgrößen seien noch einmal kurz ihre gegenseitigen Beziehungen (ohne Rücksicht auf den zahlenmäßigen Zusammenhang) zusammengestellt (Abb. 46).

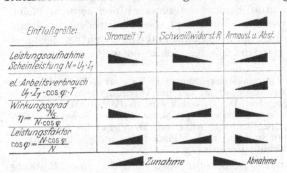

Abb. 46. Abhängigkeit der Leistungsaufnahme und -verteilung von der Stromzeit und dem Schweißstromkreis. Voraussetzungen: Die Wärmeaufnahme der Schweißstelle, d. h. die Schweißarbeit $N_s \cdot T = U_2 \cdot I_2 \cdot T$, bleibt konstant, beim Ändern einer Einflußgröße bleiben die anderen unverändert

Zum Erzeugen der Wärme eines Schweißbutzens ist eine bestimmte Wärmemenge oder elektrische Arbeit erforderlich. Mit wachsender Stromzeit vermindert sich zwar die Maschinenleistung, aber trotzdem nimmt infolge der wachsenden Verluste der Arbeitsverbrauch der Maschine zu. Ein Erhöhen des Schweißwiderstandes zwischen den Elektroden (z. B. durch Verminderung des Schweißdruckes) vermindert die Verlustarbeit im Schweißstromkreis und verbessert so den Wirkungsgrad und Leistungsfaktor. Durch Vergrößern des Armabstandes und der Ausladung werden Blind- und Wirkleistung (Verlängerung des Schweißstromweges und Anwachsen des magnetischen Widerstandes) erhöht.

Umfangreiche Tabellen mit Zahlenangaben für Druck-, Strom- und Zeitwerte beim Schweißen verschiedener Stoffe stehen heute in der Literatur zur Verfügung. Der Schweißpraktiker sollte aber Zahlenangaben stets mit Vorsicht benutzen, da oft die stillen Voraussetzungen für den einen Fall in einem fast gleichen anderen Fall nicht vorliegen. Es ist viel wichtiger, daß er eine klare Vorstellung von den Zusammenhängen gewinnt. Darüber hinaus muß er sich mit der Meßtechnik beim Widerstandsschweißen vertraut machen, damit er gegebene Zahlen auf einer anderen Maschine anwenden oder selbstgewonnene Erfahrungswerte zahlenmäßig festhalten kann. Nur so wird er den ständig wachsenden und schwieriger werdenden Aufgaben der Widerstandsschweißung gerecht werden können.

E. Steuerung der Widerstandsschweißmaschinen

18. Bedeutung der Zeit. Im Rahmen des Schweißvorganges muß der zur Erzeugung einer günstigen Schweißtemperatur an der Verbindungsstelle dienende Schweißstrom ein- und ausgeschaltet werden. Es ist wohl ausnahmslos üblich, den Schaltvorgang nicht im Sekundärkreis der Punktschweißmaschine, sondern primärseitig auszuführen. Die Ansprüche an den Schalter hängen nämlich außer von der elektrischen Leistung auch von der zu schaltenden Stromstärke ab und steigen mit dieser beträchtlich. Man ist daher bestrebt, bei vorgegebener Leistung möglichst kleinen Strom bei entsprechend höherer Spannung zu haben, solange nicht die Spannungserhöhung ihrerseits vermehrte Anforderungen bedingt. Eine Netzspannung von 500 V kann gegenwärtig als günstig für Maschinen sehr hoher Leistung angesehen werden.

Der Zeitpunkt des Einschaltens ist an die notwendig vorangehende Krafterzeugung gebunden. Von dem elektrotechnisch begründeten Bedürfnis nach einer sehr genauen, synchronisierten Zuordnung des Einschaltzeitpunktes zum Verlauf der elektrischen Wechselspannung kann später gesprochen werden. Das ergibt dann lediglich eine Verfeinerung, die zunächst außer Betracht bleibt. Der Schweißstrom muß, abhängig vom Kraftverlauf, abgeschaltet sein, ehe die Elektrodenkraft am Ende des Arbeitsspieles verschwindet. In erster Linie soll unter Bezug auf den Zeitpunkt des Einschaltens abgeschaltet werden, wenn die vorgesehene Stromzeit abgelaufen ist. Derjenige Teil der Schweißmaschine, der diesen Ablauf sicherstellt, wird im allgemeinen als die *Steuereinrichtung* bezeichnet. Ihre mindeste Aufgabe beim Punktschweißen ist, den Schweißstrom selbsttätig, also unabhängig von der Bedienung, abzuschalten. Zusätzlich kann der Steuereinrichtung wahlweise die Herbeiführung folgender Vorgänge übertragen sein:

1. Einschalten oder Abschalten des Schweißstromes in bestimmter Zuordnung zur Phase der elektrischen Wechselspannung oder in bestimmter Zuordnung zum Kraftverlauf,

2. Kraftänderungen bzw. Kraftprogramme,

3. Bestimmte Änderungen des Schweißstromes oder Stromprogramme,

4. Gewünschte Zuordnung von Strom- und Kraftprogrammen.

Die Steuereinrichtung umfaßt in der Regel die Signal- oder Kommandogeber und die Apparate zur Vorbereitung und Bemessung der Signalgaben. Die Praxis gebraucht vielfach den Ausdruck „Steuerung" für die Einheit der eigentlichen Steuereinrichtung zusammen mit dem Leistungsschalter oder Leistungsänderer, evtl. auch zusammen mit Apparaten der Krafterzeugung. Für die Abgrenzung der Begriffe ist dann nicht so sehr die Wirkung maßgebend, als vielmehr die geschlossene Unterbringung, meist außerhalb der eigentlichen Punktschweißmaschine. Die „Steuerung" zur Maschine ist beispielsweise ein Schweißtakter, eine Kaskade usw. Wir beschränken uns im folgenden auf die *eigentlichen Steuereinrichtungen*, und zwar zunächst für den Fall konstanten (effektiven) Schweißstromes und konstanter Elektrodenkraft.

Bei Anwendung kurzer Stromzeiten, beispielsweise von der Größenordnung weniger Zehntel-Sekunden oder weniger, ist ohne Steuereinrichtung praktisch nicht mehr auszukommen, wenn auch nur einigermaßen gleichmäßige Schweißungen verlangt werden. Kurze Stromzeiten sind notwendig zum

1. Schweißen gut leitender oder niedrig schmelzender Metalle,

2. Schweißen mit Wärmeeinflußzonen geringer Ausdehnung,

3. Schweißen mit verhältnismäßig geringer Wärmeübertragung in das Schweißgut (z. B. bei großen Blechteilen mit vielen Punkten),

4. Schweißen besonders kleiner oder feiner Teile (Haardrähte, Folien oder dgl.).

Beim Schweißen von Metallen mit Schweißtemperaturen ohne sichtbare Glut entfällt eine Beobachtung der Schweißstelle auf Grund der Glutfarbe, wie das bei einfachen Stahlblechschweißungen mit ausgedehnter Glühzone üblich war. Auch diese Tatsache begründet die Anwendung einer Steuereinrichtung, unabhängig von dem Bedürfnis nach kurzer Stromzeit.

Zur Beurteilung der Streuung der Stromzeiten bei Fußbetätigung einer Punktschweißmaschine ohne Steuereinrichtung wurden die Stromzeiten oszillographisch gemessen, die ein guter, gewissenhafter Schweißer erreichte (Tab. 3). Die 8 Werte

Tabelle 3

Messung-Nr.	1	2	3	4	5	6	7	8
Sekunden ...	0,30	0,30	0,268	0,314	0,286	0,325	0,270	0,339
Unterschied ..	0	0	− 0,032	+ 0,014	− 0,014	+ 0,025	− 0,03	+ 0,039

wurden an einer kleineren Maschine aufgenommen, nachdem der Schweißer das gleiche (einfache) Stahlteil einige Stunden im Stücklohn geschweißt hatte. Es ist anzunehmen, daß größtmögliche Gleichmäßigkeit durch Gewöhnung an die richtige Maschinenbetätigung erlangt wurde. Die Werte der Stromzeit streuen zwischen etwa — 10% und +16% des Mittelwertes von rund 0,3 Sekunden.

Das Meßergebnis kann sicherlich keine Allgemeingültigkeit beanspruchen. Die Streuung dürfte dem praktisch erreichbaren Bestwert nahe kommen. Im laufenden Betrieb wird sie meist erheblich größer, unter Umständen ein Mehrfaches sein. Vergleichsweise sei schon hier erwähnt, daß mit dem Schweißtakter für Stromzeiten von 0,3 sek nur Zeitfehler von der Größenordnung ± 0,2% auftreten.

Nimmt man an, daß gleiche Wärmezufuhr gleiches Temperaturfeld, also gleiche Temperatur an der Verbindungsstelle erzeugt, so müßte die Steuereinrichtung dafür sorgen, daß die Schweißmaschine jeweils nach Zuführung einer gewünschten elektrischen Arbeit in Wattsekunden (oder cal) vom Netz abgeschaltet wird. Bei gleicher Energiezufuhr ins Schweißgut während verschiedener Dauer der Zuführung entstehen aber durchaus sehr verschiedene Temperaturen wegen geänderter Wärmeableitung bei geänderter Ableitungsdauer. Temperaturunterschiede durch Änderung der Stromzeit um absolut kleine Beträge können in praktisch wichtigen Fällen erheblich sein, selbst bei Metallen mit verhältnismäßig geringer Wärmeleitung. Auch in einiger Entfernung von der Verbindungsstelle ergibt sich bei Zuführung einer bestimmten elektrischen Energie in verschiedener Zuführungsdauer eine unterschiedliche Temperaturverteilung und schließlich insgesamt ein unterschiedlicher zeitlicher Verlauf der Temperaturen. Die Steuereinrichtung muß also zur Sicherstellung gleicher Temperaturen und gleichen Temperaturverlaufes nicht nur für gleiche Energiezufuhr sondern auch dafür sorgen, daß die betreffende Energie in etwa gleichen Zeiten zugeführt wird. Diese Notwendigkeit der Zeitregelung macht aber für die meisten Anwendungsfälle eine weitere Kontrolle der Wattsekunden entbehrlich, mindestens aber ihr Fortfallen zur Vermeidung weiterer Komplizierung wünschenswert. Etwa gleiche Bedingungen im Schweißgut und im Netz ergeben bei Einschaltung des Schweißstromes für bestimmte Stromzeit zwangsläufig gleiche elektrische Arbeit in gleicher Zuführungsdauer, also gleiches Temperaturfeld. Hierin liegt die Rechtfertigung der *Zeitsteuerung*, die sich — auch in Verbindung mit Gasentladungsgefäßen als Leistungsschalter — in weitem Umfange durchgesetzt hat.

Um konstante Schweißtemperaturen zu erreichen, ist es zweckdienlicher, die Netzspannung konstant zu halten oder ihre Veränderungen unmittelbar auszugleichen, als den Bedarf elektrischer Arbeit, beispielsweise bei Netzspannungsänderungen, durch verschiedene Zuleitungsdauer zu decken. Der Zusammenhang zwischen der Änderung des Schweißstromes und der aus ihr gefolgerten Änderung der Stromzeit ist nicht von sich aus eindeutig, sondern beispielsweise auch durch Wärmeleiteigenschaften des Schweißgutes bestimmt. Man muß auch bedenken, daß sich selbst im besten Falle des Abgleiches der Zuleitungsdauer auf Erreichen der gewünschten Temperatur an der Verbindungsstelle grundsätzlich ein abweichendes räumliches Temperaturfeld und ein abweichender zeitlicher Temperaturverlauf ergeben müssen. Auf Steuerungsgrundsätze wird auch bei der Besprechung der Strombegrenzer eingegangen.

19. Steuerung des Schweißstromes. Lediglich in rein Ohmschen Wechselstromkreisen ist nach dem Einschalten in jedem Phasenpunkt ein Stromverlauf gleich dem stationären Strom zu erwarten. Der Strom ist vom Augenblick des Einschaltens ab spannungsproportional. Er springt also wie die Spannung steil auf den im stationären Verlauf gegebenen Wert und ist dann sinusförmig. Praktisch ähnlich sind die Umstände im hochohmigen Kreis mit verhältnismäßig kleiner induktiver Komponente.

Beim Einschalten eines rein induktiven (eisenlosen) Verbrauchers ($\varphi = 90°$), Abb. 47, wird nur für den Einschaltzeitpunkt des Spannungsmaximums ($\psi = 90°$) derjenige Stromverlauf erreicht, der dem stationären Fall entspricht. Wird zu

einem anderen Zeitpunkt ψ der Spannung eingeschaltet, so fließt ein Strom, der durch senkrechtes Verschieben der Kurve des stationären Stromes bis zum Schnitt mit der Abzissenachse im Ein-
schaltpunkt zu ermitteln ist [3, 4].

Für einen Verbraucher mit (eisenfreier) induktiver Komponente ωL und Wirkwiderstand R gelten ähnliche Bedingungen. Der Strom eilt der Spannung um $\varphi°$ $\left(\tan\varphi = \dfrac{\omega L}{R}\right)$ nach. Nur beim Einschalten des Kreises bei einem Phasenwinkel φ der Spannung fließt ein Strom

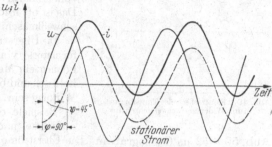

Abb. 47. Stromverlauf i beim Einschalten eines rein induktiven (eisenlosen) Verbrauchers beim Phasenpunkt $\psi = 45°$

gleich dem stationären Strom. Bei Einschaltung in einem beliebigen Phasenpunkt ψ ergibt sich ein Strom mit einem Gleichstromanteil $I_{max} \cdot \sin (\psi - \varphi)$ der infolge des Wirkwiderstandes R proportional einem Dämpfungsfaktor $e^{-\frac{R}{L} t}$ zeitlich abklingt [3].

Ist der Verbraucher eine Drossel mit Eisenschluß, so wird auch im stationären Falle infolge Nichtproportionalität zwischen Strom und magnetischer Induktion im Eisen (d. h. dem Fluß) die Form des (Magnetisierungs-) Stromes beeinträchtigt. Dieser ist nicht mehr sinusförmig, sondern für jede Halb-
schwingung gleichsam aus Teilen von Sinuskurven gesetzmäßig geänderter Amplitude zusam-
mengesetzt. Beim Einschalten zu einem früheren Phasenpunkt ψ, der von φ stärker abweicht, führt die vom Fall des eisen-
freien Verbrauchers her be-
kannte Gleichstromkomponente meist rasch zu einer einseitigen Sättigung des Drosseleisens und damit zu einem gewaltigen ein-

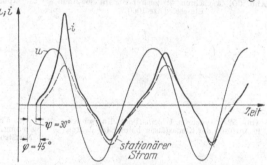

Abb. 48. Stromverlauf i beim Einschalten einer Eisendrossel ($\varphi = 45°$) beim Phasenpunkt $\psi = 30°$

seitigen Anstieg der Stromaufnahme, und zwar um so mehr, je näher die Induktion für den Scheitelwert des stationären Stromes der Sättigung der verwendeten Eisen-
sorte kommt und je geringer die Wirkwiderstände sind (Abb. 48).

Die Entstehung eines einseitigen Überstromes wird begünstigt, wenn die Rema-
nenz von einer vorangegangenen Einschaltung eine magnetische Induktion von gleichem Richtungssinn wie die Induktion der gefährlichen Sättigung hinterläßt. Bei hoher (ungünstig gerichteter) Remanenz und ungünstigem Einschaltzeitpunkt kann der Scheitelwert des Magnetisierungsstromes nach dem Einschalten das Fünfzigfache oder mehr der Scheitelwerte des gewöhnlichen Magnetisierungsstromes betragen. Umgekehrt wird die Ausbildung einer gefährlichen Sättigung mindestens verzögert, wenn bei gegensinniger Halbschwingung eingeschaltet wird, im Vergleich zur letzten Halbschwingung beim Abschalten.

Die *Widerstandsschweißmaschine* ist ein *ohmisch-induktiver* Verbraucher, für den ein Ersatzschaltbild nach Abb. 49 angenommen werden kann, wenn man mit einem Übersetzungsverhältnis 1 : 1 rechnet [5]. Bei offenem Sekundärkreis hat der Transformator die Eigenschaften der oben besprochenen eisengeschlossenen Drossel. Der

geschlossene Sekundärkreis ist der Magnetisierungsimpedanz 3 parallelgeschaltet. Er verhält sich auch als ohmisch-induktiver Lastkreis praktisch wenig abhängig

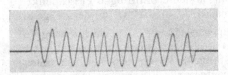

vom Primärkreis, falls 3_1 klein gegen $3_2 + 3_b$ ist. Das ist oft und gerade bei Hochleistungspunktschweißmaschinen der Fall.

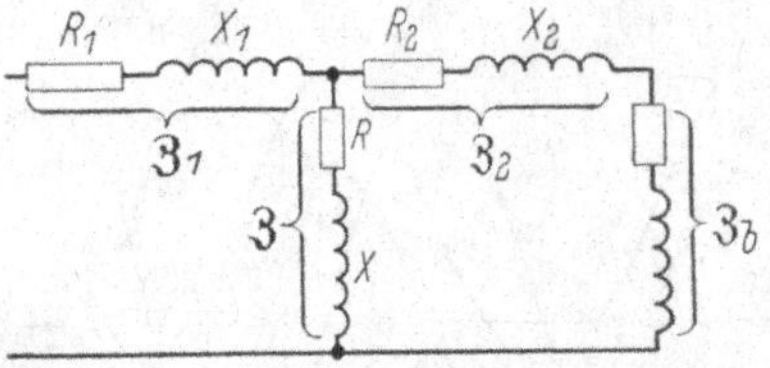

Die Überströme beim Einschalten des Transformators von Widerstandsschweißmaschinen können ein Mehrfaches der stationären Ströme betragen und bei hoher Leistung von ungünstiger Wirkung sein.

Abb. 49. Ersatzschema des Transformators einer Widerstandsschweißmaschine

Beispiele erhöhter unsymmetrischer Stromaufnahme nach dem Einschalten zeigen die Abb. 50···52 im Oszillogramm. Die Überströme werden geringer, wenn der Zeitpunkt des Einschaltens dem Phasenpunkt φ näher kommt. Für den Schaltzeitpunkt

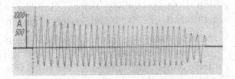

Abb. 50. Asynchron. Stationärer Strom 360 A eff., Einschaltspitze 1060 A

Abb. 51. Asynchron. Schaltelement = Schaltschütz

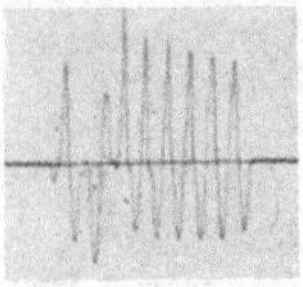

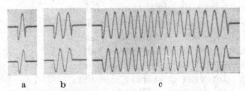

a   b   c

Abb. 52. Asynchron. Fehlerhaftes Schaltschütz, Prellungen der Kontaktfinger beim Einschalten

Abb. 53a···c. Synchron. Schaltelement = Ignitron-Steuerung. Obere Schleife Netzspannung, untere Schleife Netzstrom. Stromzeiten: a) 1 Periode, b) 2 Perioden, c) 16 Perioden

$\psi = \varphi$ bildet sich keine Gleichstromkomponente. Es fließt vom Augenblick des Einschaltens ab der stationäre Strom. Beispiele hierfür zeigt Abb. 53. Sind die verwendeten Schaltmittel derartig, daß der Schaltzeitpunkt für den Phasenpunkt φ nicht gewährleistet ist, wie z. B. bei mechanischen Schaltschützen oder auch Ignitron-Schützen, so spricht man von einem *asynchronen* Schaltgerät. Ist dagegen der Schaltzeitpunkt auf einen bestimmten Zeitpunkt im Zuge der Stromkurve, wie z. B. im Phasenpunkt φ festgelegt, wie es im allgemeinen bei den elektronisch gesteuerten Ignitrongefäßen der Fall ist, so spricht man von *synchronen* Schaltgeräten.

Die Oszillogramme der Abb. 53 lassen auch noch erkennen, daß das *Abschalten* jeweils genau nach vollen Perioden und damit ebenfalls in fester zeitlicher Beziehung zur Phase der Wechselspannung erfolgt. Das ist auch für die Erzeugung der für das Wiedereinschalten maßgebenden günstigen Remanenz wichtig. Der Phasenpunkt des Abschaltens ist in den synchron geschalteten Oszillogrammen mit dem Nulldurchgang der Stromkurve identisch. Die Schaltung von nur immer der gleichen Anzahl positiver und negativer Halbschwingungen, d. h. die Zuführung von alleinigem symmetrischem Wechselstrom wird als zwangssymmetrisches Schalten bezeichnet. Bei willkürlichem Abschalten ohne Anpassung an die Phase treten, wachsend mit dem Grade der Abweichung vom Phasenpunkt $i = 0$, Ausschaltspannungen auf, die als hohe Feldstärke oder sonst als Energiestoß den Leistungsschalter und die Isolation der Transformatorwicklung erheblich beanspruchen können.

Das synchrone Schalten ist bei den modernen Transformatoren mit Schnittbandkernen (s. Abschn. 9) infolge ihrer hohen magnetischen Beanspruchung von besonderer Bedeutung. Ihr Leerlaufstrom beträgt etwa 10% des Nennstromes und ist infolge der hohen Sättigung stark verzerrt (Schalten im Leerlauf vermeiden). Man sollte daher zumindest mit zwangssymmetrierenden Steuerungen arbeiten. Asynchroner nicht symmetrierter Betrieb ist im allgemeinen nur bei geringer Last und kleiner Einschaltdauer möglich, da der Transformator den remanenten Magnetismus zwischen den einzelnen Stromstößen verlieren kann.

Allgemein ist noch zu bemerken: Für verschiedene Transformatorwindungszahlen, also bei verschiedener Stellung der Stufenschalter und auch verschiedenen Armlängen und Armabständen einer Schweißmaschine gelten unterschiedliche Werte $\dfrac{\omega L}{R}$, d. h. von φ. Die Schaltgeräte werden in erster Linie für solche Werte von φ abgeglichen, die höchsten Werten der Leistung entsprechen, da bei den geringen Phasenunterschieden für die Primärströme gegenüber dem größten Betriebsstrom Gleichstromanteile keine gefährlichen Überströme herbeiführen.

20. Leistungsschalter. Als Leistungsschalter werden für die Widerstandsschweißmaschinen heute das Schaltschütz, das Stromtor und das Ignitron verwendet. Um die Gewähr zu haben, daß der Schweißstrom erst nach Erreichen der gewünschten Elektrodenkraft eingeschaltet wird, ist bei fuß- oder mechanisch betätigten Maschinen das Einschalten des Leistungsschalters von einer bestimmten Zusammendrückung der Feder, bei preßluft- oder flüssigkeitsbetätigten Maschinen vom Erreichen des gewünschten Druckes im Arbeitszylinder abhängig gemacht.

In den einfachsten Maschinen wird heute immer noch das *elektromagnetisch betätigte Schaltschütz* verwendet, das den Transformator ein- oder zweiphasig vom Netz trennt bzw. in der gewünschten Stromzeit an die Netzspannung legt. Die mechanisch bewegten Kontaktfinger, entweder aus Kupfer oder geeigneten Legierungen, schließen nach dem Erregen der Zugspule den Stromkreis, während beim Entregen die Kontakte durch Federkraft auseinandergerissen werden. Das schematische Schaltbild kann dann so aussehen wie es Abb. 54 zeigt, wo der Signalschalter *SS* den Erregerstrom des Schützes *LS* schaltet. Dieses kann außerhalb der Schweißmaschine angeordnet sein. Zur Betätigung des Signalschalters sind nur geringe Kraft und geringer Weg erforderlich. Es braucht daher nicht der gesamte, insbesondere nicht der bei der Elektrodenbewegung entstehende Gestängeweg in Anspruch genommen zu werden. Die Relativbewegung der zur Schalterbetätigung vervollständigten Endplatte *P* gegenüber dem Auge *A* des Oberarmes ist ausreichend. Diese Schaltung läßt sich durch einen Zeitgeber *Z*, wie in Abb. 55 angedeutet, ergänzen. Er hat die Aufgabe, den Erregerstrom des Schützes nach vorgegebener Zeit zu unterbrechen. Auf seine Arbeitsweise wird später näher eingegangen.

Benutzt man zur Krafterzeugung anstelle der Feder einen hydraulischen oder pneumatischen Arbeitszylinder, so wird in vielen Fällen auch in Abhängigkeit vom Gestängeweg geschaltet. Will man jedoch die Sicherheit haben, daß insbesondere bei rascher Hubbewegung des Elektrodenhalters beim Einschalten des Schweißstromes der richtige Druck im Arbeitszylinder vorhanden ist, so wird man entsprechend Abb. 56 ein Kontaktmanometer verwenden. Die Möglichkeit verfrühter Stromeinschaltung, zwar nach Wirken des betreffenden Druckes im Zylinder, aber vor voller Wirkung der Elektrodenkraft auf das Schweißgut, wird durch ein Ver-

zögerungsglied, z. B. durch ein Drosselventil D zwischen Zylinder und Kontaktmanometer, verhindert.

Die Genauigkeit des mechanisch-elektromagnetisch betätigten Schaltschützes
ist, wie aus dem Vorausgesagten teilweise schon erkenntlich, bei weitem nicht aus-

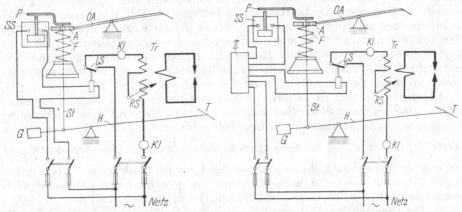

Abb. 54. Betätigung des Leistungsschalters LS durch   Abb. 55. Betätigung des Leistungsschalters LS durch
Steuerschalter SS, der wiederum durch die Gestänge-   den Steuerschalter SS mittels Zeitgeber Z
bewegung geschaltet wird

Abb. 54 u. 55. Schaltbilder von Punktschweißmaschinen mit Krafterzeugung durch Gestänge und Feder
A Auge; F Druckfeder; G Gegengewicht; H Fußhebel; Kl Anschlußklemmen der Maschine; P Endplatte;
RS Stufenschalter; SS Steuerschalter; St Federstange; T Fußtritt; Tr Schweißtransformator; Z Zeitgeber

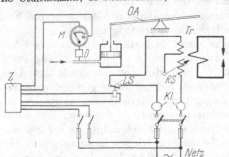

Abb. 56. Schaltbild einer Punktschweißmaschine mit
hydraulischer Krafterzeugung. Betätigung des Leistungsschalters LS über einen Zeitgeber Z durch ein Kontaktmanometer M. D Drosselventil; sonstige Bezeichnungen
wie in Abb. 54 u. 55

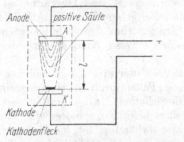

Abb. 57. Zur Erläuterung der Stromrichtergefäße

reichend, wenn Zeiten unter 0,1 sek zu
schalten sind. Hier hat das *elektronisch
gesteuerte Entladungsgefäß* auf breiter
Basis Anwendung gefunden. Der physi-
kalische Vorgang in einem solchen Gefäß möge in folgendem kurz gekenn-
zeichnet werden.

Nach der *Elektronen-Theorie* sind die
Elektronen die kleinsten Teilchen der Elektrizität. Sie sind zugleich Teile der Atome.
Ein Atom hat einen positiv geladenen Kern,
um den die Elektronen, die negativ geladen
sind, kreisen. Die Elektronen werden von dem
Kern angezogen. Um *freie* Elektronen zu
erhalten, muß man äußere Kräfte auf das
Atom wirken lassen, um die Anziehungskraft
zu überwinden: Hohe Temperaturen oder
starke elektrische Felder. Sind von einem
Atom ein oder mehrere Elektronen abgespal-
ten, so daß die positive Ladung des Kernes
überwiegt, so bezeichnet man es als *positives
Ion*. Hat ein Atom zuviel Elektronen, so ist
es ein *negatives Ion*. Der Vorgang der Trennung der Elektronen vom Atom heißt *Ioni-
sation*.

Hat man zwei Elektroden, eine Anode
und eine Kathode, zwischen denen eine Span-
nungsdifferenz herrscht, so besteht zwischen
ihnen ein elektrisches Feld (Abb. 57). Befin-
den sich in diesem Feld freie Elektronen, so bewegen sie sich längs den Kraftlinien dieses Feldes
und zwar, da sie selbst negativ geladen sind, hin zur Elektrode mit dem höheren Potential.

Es ist dies die positive, die Anode. Die Geschwindigkeit, mit der die freien, durch sonstige geladene Teilchen nichtbeeinflußten Elektronen die Bahn durcheilen, ist um so größer, je größer das Spannungsgefälle, und um so kleiner, je größer der Gasdruck ist.

Ein Elektron, das sich mit großer Geschwindigkeit bewegt, stößt auch mit neutralen Atomen zusammen. Ist die Geschwindigkeit groß genug, so wird von dem Atom ein Elektron losgerissen. Dieses Atom wird durch den Zusammenstoß zu einem positiven Ion und bewegt sich nun in Richtung negative Elektrode (Kathode), dagegen das abgespaltene Elektron mit den anderen Elektronen in Richtung positive Elektrode (Anode). Dieses Abspalten von Elektronen und positiven Ionen stellt einen Stromfluß zwischen den Elektroden dar. Da die Masse der Elektronen bedeutend kleiner ist als die der positiven Ionen, bewegen sich die Elektronen mit bedeutend größerer Geschwindigkeit als die Ionen.

Wird die negative Elektrode zur Aussendung von Elektronen veranlaßt, sei es durch bestimmte Temperaturerhöhung (z. B. Glühkathode) oder durch Herstellung eines ausreichenden Spannungsabfalles, so bewegen sich diese Elektronen gegen die positive Elektrode. Ist die Spannung zwischen den Elektroden hoch genug, so fließt ein Strom. Wird die Spannung zwischen den Elektroden null, so hört die Elektronenbewegung auf und der Strom wird null. Das Gleiche tritt ein, wenn die Spannung ihre Richtung umkehrt, weil die aus der bisherigen Kathode ausgesendeten Elektronen nicht gegen die jetzt negativ werdende Gegenelektrode anlaufen können. Man erkennt aus dieser Betrachtung, daß es nur möglich ist, zwischen den Elektroden einen Stromfluß in *einer* Richtung zu erzielen. Wir haben also ein *elektrisches Ventil*.

Für den Stromfluß ist nach obigem eine bestimmte Spannung zwischen den Elektroden notwendig. Die Höhe dieser Spannung ist von dem Dampfdruck zwischen den Elektroden abhängig. Bringt man die beiden Elektroden in einem geschlossenen Glasrohr unter und evakuiert dieses auf den Dampfdruck *null*, dann tritt zwar bei genügend großer Spannung und Kathodentemperatur eine Elektronen-Emission auf, aber es gibt keine Stoßionisation, weil keine Gasmoleküle vorhanden sind. Ebenso wird also auch die negative Raumladung, die durch die Elektronen entsteht, nicht durch die positiven Ionen ausgeglichen. Damit sind aber höhere Spannungen notwendig, um einen Stromfluß zustande zu bringen. Nun hat sich ergeben, daß die aufzuwendende Spannung in einem Glasrohr mit einem *niedrigen* Dampfdruck am geringsten ist. Der Druck muß eben so hoch sein, daß genügend Ionen durch Stoßionisation vorhanden sind, um die negative Raumladung auszugleichen [6]. Der elektrische Strom schafft sich auf diese Art mehr oder weniger selbst seine „Leitfähigkeit". Dies bringt eine gewisse Labilität und Unregelmäßigkeit mit, was sich in den Kennlinien der Gasentladungen zeigt.

Für die Kathode wird bei den *mittleren* und *großen* Stromrichtern *Quecksilber* verwendet, so daß also der Dampf in dem Gefäß Quecksilberdampf ist. Bei *kleineren* Leistungen wird auch Quecksilberdampf, andererseits aber ebenso *Edelgas* oder ein *Mischung* als Füllung verwendet. Ferner wird bei den kleineren Leistungen anstelle der Quecksilberkathode die *Glühkathode* oder sogar die *Kaltkathode* benützt. Gasentladungsrohre für kleine Leistungen werden als *Stromtore* oder *Thyratrons* bezeichnet. Die Glühkathode ist aus Wolfram oder einem Metall mit hohem Schmelzpunkt, das für die Elektronen-Emission auf *Rotglut* erhitzt wird. Die Emissionsfähigkeit wird noch durch Oxydüberzüge aus Barium, Kalzium u. a. erhöht. Bei der Glühkathode verlassen dauernd Elektronen die heiße Kathode in Richtung zur Anode und ermöglichen auf diese Weise einen Stromdurchgang durch die Röhre. Bei den *Kaltkathodenröhren* wird dagegen die Kathode nicht geheizt, sie emittiert daher auch nicht von sich aus, sondern die Ladungsträger werden erst in dem Augenblick erzeugt, in dem unter Anlegen der Spannung ein Stromdurchgang durch die Röhre erfolgen soll. Die notwendigen Elektronen werden durch den Aufprall der positiven Ionen ausgelöst. Der Vorgang ist im physikalischen Sinn eine Glimmentladung, die als Elektronenquelle dient. Daher werden die Kaltkathodenröhren auch mit *Glimmrelais* bezeichnet. Wesentlich ist für die Elektronenauslösung der *Kathodenfall*[1], in dem die positiven Ionen beschleunigt werden. Man kann daher eine Zündung der Röhre dadurch einleiten, daß man an die Anode der Röhre eine *genügend hohe* positive Spannung legt. Die Zündspannung ist u. a. eine Funktion des geometrischen Abstandes von Anode und Kathode, sie kann daher durch eine besondere Starteranode S (Abb. 58) in räumlicher Nähe der Kathode K erheblich gesenkt werden. Zur Erreichung sehr kurzer Schaltzeiten von $< 10 \ \mu s$ (Mikrosek $= 10^{-6}$ sek)

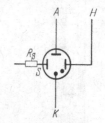

Abb. 58. Elektrodenanordnung bei Kaltkathodenröhren
A Anode; *K* Kathode; *H* Hilfselektrode; *S* Starteranode

---

[1] Der Spannungsanstieg bei einer Glimmentladung liegt in erster Linie auf einem kurzen Stück in der Nähe der Kathode, dem sog. Kathodendunkelraum. Die Potentialdifferenz zwischen der Kathode und der Stelle kleinster Feldstärke im negativen Glimmlicht wird Kathodenfall genannt. Der Name rührt daher, daß hier die positiven Ionen, die sich unter dem Einfluß des Feldes auf die Kathode zu bewegen, den größten Teil ihrer kinetischen Energie erhalten [7].

und zur Vermeidung von Zündverzögerungen wird mit Hilfe einer ständig brennenden Hilfsentladung zwischen der Hilfselektrode H und Kathode K ein Vorrat an sofort verfügbaren Ladungsträgern bereitgestellt.

Zur Steuerung des Entladungsvorganges bedient man sich bei den *Glühkathoden* eines sogenannten *Gitters*. Es wird als dritte Elektrode zwischen Anode und Kathode in das Glasgefäß eingefügt. Mit ihm ist es möglich, den Beginn des Stromdurchganges, d. h. dessen Zündung, zu steuern, andererseits ist es aber nicht möglich, mit ihm eine einmal eingeleitete Zündung zu beeinflussen oder zu löschen. Ist die Zündung noch nicht eingeleitet, so verhindert das Gitter bei Anlegen einer negativen Spannung und bei positiver Anodenspannung den Beginn des Stromflusses. Wird dem Gitter dagegen während des Stromdurchganges eine negative Spannung aufgedrückt, so sammeln sich um das Gitter soviel positive Ionen, daß

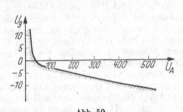 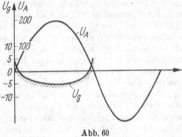

Abb. 59   Abb. 60

Abb. 59 u. 60. Kritische Gitterspannung U_g in Abhängigkeit von der Anodenspannung U_A

die negative Ladung ausgeglichen wird, im Gegensatz zum Hochvakuumrohr, wie es uns aus der Rundfunktechnik bekannt ist, das mit dem Gitter vollkommen steuerbar ist. Diejenige Gitterspannung, die gerade noch das Einsetzen des Anodenstromes verhindert, heißt „kritische Gitterspannung". Sie ist in Abhängigkeit von der Anodenspannung in Abb. 59 aufgetragen. In Abb. 60 ist ihr Verlauf bei sinusförmiger Anodenspannung gezeigt. Das Gitter ermöglicht es uns also, das Gefäß zu jedem beliebigen Zeitpunkt zu zünden, wodurch wir auch in der Lage sind, den Transformator der Maschine im gewünschten Augenblick im Zuge der Wechselstromkurven einzuschalten.

Löschen kann man die Röhre nur durch Unterbrechen des Anodenstromkreises an einer Stelle außerhalb des Gefäßes oder aber durch Verkleinerung der Anodenspannung unter die Löschspannung, die in der Regel die Größenordnung der Brennspannung hat. Dementsprechend muß das Gefäß bei Verwendung von Wechselspannung in jeder positiven Halbschwingung neu gezündet werden, wenn es über längere Zeit hinweg Strom führen soll.

Für die Schaltung der *großen Leistungen*, besonders in den Schweißmaschinensteuerungen, werden zündstiftgesteuerte Schaltgefäße, Ignitrons genannt, verwendet (vgl. [22] u. [23]). Den Aufbau eines solchen Gefäßes zeigt Abb. 61. Es besteht aus einem doppelwandigen Stahlgefäß. Der Mantelraum wird von Kühlwasser durchflossen. Oben und unten ist je eine Stromdurchführung eingeschmolzen, die untere für die Kathode und die obere für die Anode. Die Kathode besteht aus Quecksilber, in das der Zündstift hineinragt. Er wird von einem Halter getragen, der einen isolierten

Abb. 61. Innerer Aufbau eines Ignitrons
a Anode; *b* Kathodenzuführung; *c* Quecksilberbad; *d* Wassermantel; *e* Anodenverbindung; *f* Zündstift; *g* Zündstiftzuführung; *h* Wasserzuführung

Abb. 62
Form eines Zündstiftes

Durchgang durch die Gefäßwand hat. Der Zündstift (Abb. 62) ist aus einem sogenannten Halbleiterwerkstoff hergestellt, ähnlich den bekannten Silitstäben. Die nach innen gewölbte Form des Kegels, mit dem der Zündstift in das Quecksilber hineinragt, wird aus zwei Gründen gewählt: erstens soll ein möglichst kleiner Querschnitt an der Eintauchstelle und damit hier der größte Spannungsabfall erzielt werden, zweitens hat der Stift auf diese Weise eine gute Festigkeit gegen Quecksilberschläge. Ein wesentlicher Punkt für den Zünder ist, daß sein Werkstoff *nicht* amalgamiert. Amalgamieren gefährdet die Zündung sehr stark. Ebenso sind Stoffe ungeeignet, die auf Grund von Porosität dem Quecksilber gestatten, in feinster Verteilung einzudringen. Abb. 63 zeigt ein aufgeschnit-

Abb. 63. Ansicht
eines aufgeschnittenen Ignitrons
(Erläuterungen s. Abb. 61)

Abb. 64. Ansicht der drei hauptsächlichsten Größen von Ignitrons, von links:
VJ 5551, 5552 und 5553; VJ 5551 mit aufgeschraubtem Thermoschalter
(Einzelteile im Bild vorne rechts) zur Regelung des Kühlwasserverbrauchs,
VJ 5553 (rechts) am Anodenanschluß mit Kühlrippen ausgestattet (Siemens)

tenes Ignitron. Die Anordnung des Zündstiftes und die Gestaltung des Quecksilberbodens sind deutlich zu erkennen. In Abb. 64 sieht man die heute gebräuchlichsten Typen von Ignitron-Gefäßen. Die elektrischen Anschlüsse, mechanischen Befestigungen und Wasseranschlüsse sind weitgehend genormt; für die Abmessungen der hauptsächlichsten Größen gilt DIN 44411.

Die *Genauigkeit des Zündeinsatzes* eines Ignitrongefäßes wird nicht so gut sein wie bei einem gittergesteuerten (s. [5, S. 137]). Zur Bildung des Kathodenfleckes werden immerhin $10^{-4} \cdots 10^{-5}$ sek benötigt. Mehrere Untersuchungen haben gezeigt, daß der Zündvorgang von gewissen Wahrscheinlichkeitsgesetzen abhängt. Die Genauigkeit ist aber für die Bedürfnisse des Widerstandsschweißens ausreichend. 10^{-4} sek sind bei einem 50 Hz Wechselstromnetz gleichbedeutend mit 1,8° el. Schlechte Gefäße, bei denen der Zündvorgang bis 10^{-3} sek verzögert sein kann, haben also eine Zündverzögerung von 18° el., mit anderen Worten den zehnten Teil einer Halbschwingung. Dieser Betrag kann, zumal bei großen Leistungen, unangenehm werden und zu unsymmetrischen Vorgängen führen. Man wird daher gut daran tun, die Güte des Zündstiftes durch Messen des Ohmschen Widerstandes Zündstift-Kathode laufend zu überwachen. Der Wert dieses Widerstandes soll sich im Laufe der Betriebszeit nicht wesentlich ändern. Die guten Werte liegen bei $20 \cdots 200$ Ohm.

Nach allem ist somit das Gasentladungs-Rohr oder -Gefäß ein elektrisches Ventil, das den Strom nur in einer Richtung leiten kann. Bei *einem* Schaltgefäß, z. B. ähnlich Schaltprinzip Abb. 65, ist die längste schaltbare Stromzeit eine halbe

3*

Periode entsprechend $^1/_{100}$ sek. Eine weitere Halbschwingung in gleicher Stromrichtung darf man nicht hinzufügen, weil der Schweißtransformator nur mit Wechselstrom betrieben werden kann. Besteht nun bei der Hauptstufe einer Steuerung der Schaltweg nur aus *einem* Gefäß zur unmittelbaren Schaltung des Primärstromes des Schweißtransformators, so wird sie als **Einwegsteuerung** bezeichnet. Eine Veränderung der Stromzeit innerhalb einer Halbwelle wird bei diesen Steuerungen durch *Verschiebung des Zündwinkels* erreicht. Stromkurven für verschiedene solche Stromzeiten zeigen die Oszillogramme der Abb. 66. Dabei wird nicht nur die Zeit sondern auch der Effektivwert des Schweißstromes verändert, soweit man dies nicht durch Stufen am Schweißtransformator wieder ausgleicht. Der zeitliche Steuerbereich liegt bei diesen Steuerungen praktisch zwischen $^1/_{100}$ und $^1/_{1000}$ sek. Wegen dieser sehr kurzen Zeiten werden die Einwegsteuerungen in erster Linie bei wärmeempfindlichen Schweißungen verwendet.

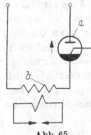

Abb. 65
Prinzipschaltbild einer
Einwegsteuerung[1]
a Entladungsgefäß;
b Schweißstrafo

Verbleibende *Restmagnetisierungen* können durch Überspannungen, die beim Öffnen des Sekundärkreises durch das Abheben der Elektroden entstehen, die Isolation des Transformators stark gefährden, zumal bei Transformatoren mit hoher Sättigung. Solche Überspannungen können auch unter begünstigenden Bedingungen bei den anschließend zu besprechenden Zweiwegtaktern auftreten. Man kann dieser Gefahr dadurch vorbeugen, daß man die im magnetischen Feld verbliebene Energie in einem parallel zur Primärwicklung gelegten Ohmschen Widerstand mit möglichst geringer Induktivität beim Öffnen der Elektroden vernichtet.

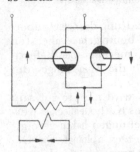

Abb. 66. Oszillogramme verschiedener Stromzeiten
einer Einwegsteuerung

Will man längere **Stromzeiten** schalten, wie bei der Mehrzahl der Anlagen, so muß noch ein Schaltweg für die zweite Halbschwingung hinzugefügt werden: Man schaltet zwei Stromrichtergefäße gegensinnig parallel (Abb. 67). In diesem Fall führt das eine Gefäß die positive, das andere die negative Halbschwingung. Es fließt also ein Wechselstrom, solange die Gefäße nicht durch die Gitter gesperrt werden. Diese Steuerung heißt **Zweiwegsteuerung**. Man kann damit den Schweißstrom eine beliebige Anzahl von Perioden fließen lassen; die kürzeste Stromzeit ist eine Periode entsprechend $^1/_{50}$ sek. Es ist allgemein üblich, bei den Steueranlagen die Stromzeit in *Perioden* anzugeben, da es einfacher ist als in Sekunden. In Deutschland wird durchweg eine Frequenz von 50 Perioden je Sekunde für die Kraftnetze verwendet. Damit

Abb. 67. Prinzipschaltbild
einer Zweiwegsteuerung[1]

Tabelle 4. *Umrechnung von Stromzeiten für 50periodigen Wechselstrom*

Perioden	1	2	3	4	5	6	7	8	9	10	15
Sekunden....	1/50 0,02	1/25 0,04	3/50 0,06	2/25 0,08	1/10 0,10	3/25 0,12	7/50 0,14	4/25 0,16	9/50 0,18	1/5 0,20	3/10 0,30
Perioden	20	25	30	35	40	50	60	70	80	90	100
Sekunden....	2/5 0,40	5/10 0,50	3/5 0,60	7/10 0,7	4/5 0,8	1,0 1,0	1 1/5 1,2	1 2/5 1,4	1 3/5 1,6	1 4/5 1,8	2,0 2,0

[1] In den Abb. 65 u. 67 deuten die Pfeile die Richtung des Elektronenstromes in den Schaltgefäßen an.

ergeben sich für die einzelnen Stromzeiten in Perioden und Sekunden die Werte der Tab. 4. Da 50 Perioden je Sekunde für die Kraftübertragung durchaus nicht in allen Ländern einheitlich sind, so muß bei Stromzeitangaben immer der Periodenwert zuerst in einen Sekundenwert umgerechnet werden, wenn man Vergleiche anstellen will. Die längste Stromzeit, für die Zweiwegsteuerungen im allgemeinen ausgelegt werden, beträgt 25 ··· 100 Perioden.

Auch bei Zweiwegsteuerungen wird wie bei den Einwegsteuerungen die *Zündwinkelverschiebung* angewendet, allerdings sinngemäß in erster Linie zur Einstellung des Effektivwertes (Beispiele hierfür s. Abschn. 24).

Finden Ignitrons in der Hauptstufe einer Steuerung Anwendung, so richtet sich die Wahl ihrer Größe nach 2 Belastungsgrenzen, einer unteren durch die Belastung des Zündstiftes und einer oberen durch die Gefäßabmessungen. Die *untere Leistungsgrenze* für sämtliche Ignitrons ist bei einem Betriebsstrom in der Größenordnung von 25 A erreicht. Ströme unter diesem Wert haben zur Folge, daß die Hauptentladung zwischen Kathode und Anode verzögert einsetzt und dabei den Zündkreis überlastet und den Zündstift gefährdet. Die im Zündkreis eingebauten Sicherungsschalter sind viel zu träge, um den Zündkreis rechtzeitig zu unterbrechen. Bei kleineren Maschinen mit Teilaussteuerung wird diese Gefahr beseitigt, indem parallel zum Transformator ein Grundlastwiderstand geschaltet wird, der dann den Mindeststrom gewährleistet, während bei großen Maschinen ein Schalten des Transformators im Leerlauf vermieden werden muß. Beim Einrichten einer Maschine ist besonders darauf zu achten, daß zwischen den Elektroden keine isolierende Unterlage (Preßspan u. dgl.) eingelegt werden darf, da dies dem oben beschriebenen Leerlaufbetrieb des Transformators entsprechen würde; zweckmäßigerweise schaltet man dabei den Selbstschalter in der Zündstufe aus oder unterbricht anderweitig den Zündkreis.

Die *obere Grenzlast* ist gegeben durch die Möglichkeit, die im Gefäß erzeugte Wärme abzuführen, damit die im Betrieb sich einstellende Endtemperatur nicht zu einer Beschädigung führt, denn eine Erhöhung der Temperatur von 10° zu 10 °C hat jeweils eine Verdoppelung des Dampfdruckes im Entladungsraum zur Folge. Die erzeugte Wärmemenge ist abhängig von dem fließenden Primärstrom und der am Ignitron anstehenden Brennspannung, die bei rund 15 V liegt, sowie von der Zeit des Stromflusses. Bei einem Primärstrom von 1000 A ergibt sich bereits eine Verlustleistung von 15 kW. Für die Ableitung dieser Wärme sind in erster Linie die Gefäßabmessungen und die durch den doppelwandigen Mantel hindurchfließende Kühlwassermenge bestimmend.

Maßgebend für die Belastung ist der zulässige *Mittelwert* des Stromes I_{mi}. Dieser ist für sinusförmigen Wechselstrom und jede Halbschwingung

$$I_{\mathrm{mi}} = \frac{1}{\pi} \int_0^\pi i_{\max} \cdot \sin\alpha \cdot d\alpha = \frac{2}{\pi} \cdot i_{\max}. \qquad (19)$$

Da ein Gefäß aber nur eine halbe Periode den Strom führt, ist $I_{\mathrm{mi}} = I_{\max}/\pi$ oder durch den Effektivwert ausgedrückt,

$$I_{\mathrm{eff}} = 2{,}24 \cdot I_{\mathrm{mi}}. \qquad (20)$$

Wurde nun versuchsweise ermittelt, daß z. B. ein Gefäß einen Gleichstrom von 40 A dauernd führen kann, so findet man einen Effektivwert von angenähert 90 A für eine 100%ige Einschaltdauer. Hieraus lassen sich dann die Werte für die anderen Einschaltdauern mit folgender Formel errechnen (T Stromzeit, T_p Pausenzeit):

$$I_{\mathrm{eff}} = I_{\mathrm{eff}\,d} \cdot \frac{T + T_p}{T} = I_{\mathrm{eff}\,d} \cdot \frac{100}{ED\%} \qquad (21)$$

Zur einfachen Ermittlung dieser für Ignitrons zulässigen Belastung stehen von den Herstellerfirmen sogenannte *Belastungsleitern* zur Verfügung. Für die Ignitrongröße VI 5551 sind in Abb. 68 für die drei Spannungen 220 V, 380 V und 500 V die Werte von ED, I_{eff} und t_{sm}, in Abhängigkeit voneinander aufgeführt.[1]

Ist nun für eine Schweißaufgabe eine der 3 angeführten Größen, z. B. der Laststrom, bekannt und wird mit einer Betriebsspannung von 380 V gearbeitet, so lassen sich anhand der

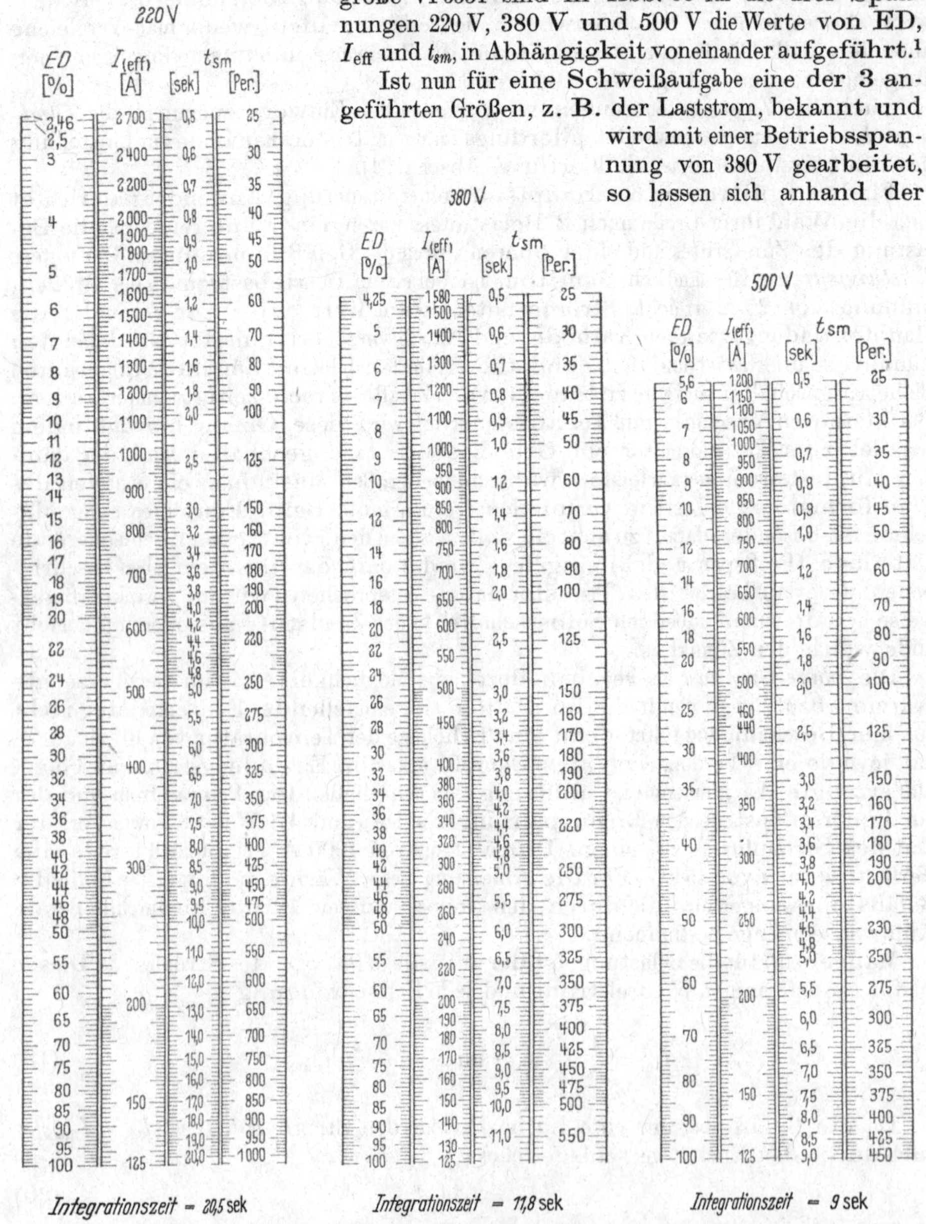

220 V

ED [%]	$I_{(eff)}$ [A]	t_{sm} [sek]	[Per.]
2,46	2700	0,5	25
2,5	2400	0,6	30
3	2200	0,7	35
4	2000	0,8	40
5	1900	0,9	45
	1800	1,0	50
6	1700	1,2	60
7	1600	1,4	70
8	1500	1,6	80
9	1400	1,8	90
10	1300	2,0	100
11	1200		
12	1100	2,5	125
13	1000		
14	900	3,0	150
15		3,2	160
16	800	3,4	170
17		3,6	180
18	700	3,8	190
19		4,0	200
20	600	4,2	
22		4,4	220
24	500	4,6/4,8	
26		5,0	250
28		5,5	275
30	400	6,0	300
32		6,5	325
34		7,0	350
36	300	7,5	375
38		8,0	400
40/42		8,5	425
44		9,0	450
46		9,5	475
48/50		10,0	500
55	200	11,0	550
60		12,0	600
65		13,0	650
70		14,0	700
75		15,0	750
80	150	16,0	800
85		17,0	850
90		18,0	900
95		19,0	950
100	125	20,0	1000

Integrationszeit = 20,5 sek

380 V

ED [%]	$I_{(eff)}$ [A]	t_{sm} [sek]	[Per.]
4,25	1580	0,5	25
5	1500	0,6	30
6	1400	0,7	35
7	1300	0,8	40
8	1200	0,9	45
9	1100	1,0	50
10	1000	1,2	60
12	950/900	1,4	70
14	850	1,6	80
16	800	1,8	90
18	750	2,0	100
22	700	2,5	125
24	650		
26	600	3,0	150
28	550	3,2	160
30	500	3,4	170
32	450	3,6	180
34	400	3,8	190
36	380	4,0	200
38	360	4,2	
40/42	340	4,4	220
44	320	4,6/4,8	
46	300	5,0	250
48/50	280	5,5	275
55	260	6,0	300
60	240	6,5	325
65	220	7,0	350
70	200/190	7,5	375
75	180/170	8,0	400
80	160	8,5	425
85	150	9,0/9,5	450
90	140	10,0	475
95	130	11,0	500
100	125		550

Integrationszeit = 11,8 sek

500 V

ED [%]	$I_{(eff)}$ [A]	t_{sm} [sek]	[Per.]
5,6	1200	0,5	25
6	1150		
7	1100/1050	0,6	30
8	1000	0,7	35
	950	0,8	40
10	900	0,9	45
	850	1,0	50
12	800		
14	750	1,2	60
16	700	1,4	70
18	650	1,6	80
20	600	1,8	90
	550	2,0	100
25	500		
	460/440	2,5	125
30	400	3,0	150
35	350	3,2	160
		3,4	170
40	300	3,6	180
		3,8	190
		4,0	200
		4,2	
50	250	4,4/4,6	230
		4,8/5,0	250
60	200	5,5	275
		6,0	300
70		6,5	325
		7,0	350
80	150	7,5	375
90		8,0	400
		8,5	425
100	125	9,0	450

Integrationszeit = 9 sek

Abb. 68. Zulässige Belastung für Ignitron VJ 5551 (Siemens). ED% prozentuale Einschaltdauer auf Integrationszeit bezogen, I(eff) effektiver Laststrom, t_{sm} max. Stromzeit während der Integrationszeit

---

[1] Die in früheren Veröffentlichungen häufig anzutreffenden Diagramme für die Belastungsgrenze der Gefäße in Abhängigkeit von der Einschaltdauer stellen dasselbe dar. Die neuere einfachere Darstellung der Belastungsleiter ist durch Umrechnung aus der graphischen Darstellung entstanden.

Leiter sofort die Grenzgrößen der Einschaltdauer und der Stromzeit während der Integrationszeit bestimmen. Zu bemerken ist hierbei noch, daß Ignitrons bis an ihre Grenzwerte im Dauerbetrieb belastet werden dürfen, ohne daß irgendwelche Schäden zu befürchten sind. Die Integrationszeit, die Basis der Leiteranordnung, ist eine in Versuchen ermittelte Größe. Zwei Beispiele sollen die Handhabung der Leitern erläutern:

Beispiel 1 (Abb. 69). Für eine Widerstandsschweißung wird eine Leistung von 250 kVA bei 380 V primärseitig benötigt. Die Stromzeit beträgt 0,4 sek, während das Auswechseln der Teile 5 sek in Anspruch nimmt.

Der Effektivwert des Stromes errechnet sich zu

$$I_{\text{eff}} = \frac{N}{U} = \frac{250 \cdot 10^3}{380} = 658 \text{ A}$$

Dieser Strom fließt in jeder Halbschwingung durch je 1 Ignitron. Vorgesehen sind 2 Ignitrons der Größe 5551. Die Integrationszeit dieser Gefäße beträgt 11,8 sek. Innerhalb einer Integrationsperiode finden also 3 Schweißungen statt. Die Gesamtstromzeit innerhalb dieser Periode beträgt somit

$$t_{sm} = 3 \times 0{,}4 = 1{,}2 \text{ sek.}$$

Aus der Belastungsleiter ergibt sich ein zugehöriger Höchststrom von

$$I_{\text{eff max}} = 910 \text{ A}$$

Die gewählten Gefäße sind also bei 658 A nur mit rund 72% belastet und genügen den Anforderungen.

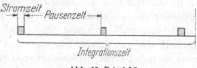

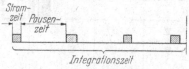

Abb. 69. Beispiel 1   Abb. 70. Beispiel 2

Beispiel 2 (Abb. 70). Strom und Leistungswerte wie in Beispiel 1. Das Teil bedingt jedoch eine Stromzeit von 0,6 sek, während zum Auswechseln der Teile 3 sek gebraucht werden.

Es sollen wieder die Ignitrons 5551 Verwendung finden. Innerhalb einer Integrationsperiode finden hier 4 Schweißungen statt.

Gesamtstromzeit

$$t_{sm} = 4 \times 0{,}6 = 2{,}4 \text{ sek,}$$

Strom aus Belastungsleiter

$$I_{\text{eff max}} = 585 \text{ A.}$$

Diese Aufgabe ist also nicht lösbar. Durch Verlängern der Pausenzeit auf 4 sek fallen nur noch 3 Schweißzeiten in eine Integrationsperiode. Auf diese Weise erhöht sich dann der zulässige Strom bei einer Gesamtstromzeit von 1,8 sek auf 705 A. Mit diesem Stromwert kann dann die Aufgabe als gelöst angesehen werden. Zweckmäßigerweise wählt man jedoch in einem solchen kritischen Fall die nächste Ignitrongröße, denn dann bleibt man beim Verwenden dieser Maschine für mehrere Schweißprogramme viel beweglicher in der Strom- und Zeitgrößenwahl.

Wenn die Ignitrons, wie in Beispiel 1, unter ihrer zulässigen Höchstlast betrieben werden, kann natürlich auch die *Kühlwasser-Durchflußmenge* kleiner sein, als die von den Herstellern für die Höchstlast mit rund 4 ··· 12 l/min, je nach Ignitrongröße, angegebene. Um den verhältnismäßig hohen Wasserverbrauch zu verringern, empfiehlt es sich, eine sogenannte *Wasserspareinrichtung* anzubauen. Dazu gehört bei Gegenparallelschaltung zweier Ignitrons ein Thermoschalter, der mittels Befestigungsschelle auf den Heizflansch des 1. Ignitrons in Wasserdurchflußrichtung gesehen, aufgeschraubt oder geklemmt wird. In Abb. 64 ist links ein Ignitron mit Thermoschalter gezeigt. Ein Gefäß ohne Schalter, an dem der Befestigungsflansch zu erkennen ist, ist in der Bildmitte wiedergegeben. Die beiden sich berührenden, metallischen Flächen vom Ignitron und Thermoschalter ermöglichen den Wärmeübergang. Erreicht nun der innere Metallmantel eine Temperatur von 33 °C, so wird durch den Arbeitskontakt des Thermoschalters ein Magnetventil eingeschaltet, das seinerseits den Wasserkreislauf öffnet. Bei Absinken der Temperatur unter 28 °C wird der Wasserfluß von selbst stillgesetzt.

Auf das 2. Ignitron wird als weiteres Bauelement ein *Überlastungsschutzschalter* aufgebaut. Wenn aus irgendwelchen Gründen der Thermoschalter versagt und damit der Wasserdurchfluß nicht eingeschaltet wird, so nimmt die Erwärmung der Ignitrons sehr schnell zu. Erreicht jedoch der Mantel des 2. Gefäßes eine Temperatur von 55 °C, so wird durch einen Kontakt des Überlastungsschutzschalters die ganze Maschine mit Steuerung abgeschaltet.

Wenn man bei kleineren Maschinen und den dazugehörigen Steuergeräten auf eine geringe Steuerleistung Wert legt, so kann man sogenannte Senditrons als Leistungsschalter verwenden. Sie sind aus Glas und haben eine Kathode aus Quecksilber. Das Gefäß kann auch U-förmig sein, dann ist die Anode ebenfalls aus Quecksilber. Zur Zündung dient ein äußerer ringförmiger Metallbelag. Es sind nahezu leistungslose Zündstöße erforderlich, allerdings mit Spannungen in der Größenordnung von 10 kV [8].

21. Steuerstufen. Für das Einschalten der Ignitrons ist der Zündimpuls durch den Zündstrom I_z, der über den Zündstift fließt, maßgebend. Jedes Gefäß muß für jede ihm zugehörige Stromhalbschwingung gezündet werden. Es erlischt wieder bei jedem natürlichen Stromnulldurchgang. Also müssen die Zündimpulse auf den jeweiligen Stromnulldurchgang und insbesondere auf die gewünschte Stromzeit abgestimmt sein. Ferner muß sichergestellt werden, daß kein für die Zündstifte schädlicher Rückstrom in Richtung Kathode — Zündstift auftritt. Dies kann in vereinfachter Weise erreicht werden, wie es in Abb. 71 schematisch dargestellt ist: In die Zündstiftzuleitungen sind Gleichrichter eingebaut, die einen Rückstrom nicht zulassen. Außerdem hat jede Leitung einen Einschaltkontakt s, die miteinander mechanisch gekoppelt sind. Dies wird aber für ein genaues Einschalten Schwierigkeiten bereiten. Man hat daher die Schaltung Abb. 72 entwickelt, die es gestattet, beide Röhren mit einem Kontakt S zu zünden. Allerdings läßt sich auch mit dieser Schaltanordnung ein genaues synchrones Schalten, z. B. im Stromnulldurchgang, nicht erreichen. Der Einschaltzeitpunkt ist mit mechanischem Kontakt eben nie in gleicher Weise zu einem im voraus bestimmten Zeitpunkt einzuhalten. In Verbindung mit geeigneten Zeitgebern wird daher diese Schaltung für asynchrone Ignitronschütze verwendet. Mit Rücksicht auf die schon oben erwähnten dabei auftretenden Einschaltstromstöße und die damit zusammenhängende Netzbelastung kommt diese Schaltart nur für kleinere Leistungen in Betracht. Wird allerdings der mechanische Kon-

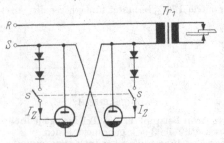

Abb. 71. Zündschema mit einem mechanischen Kontakt in jeder Zündleitung

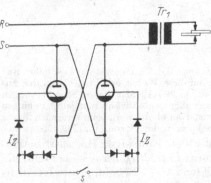

Abb. 72. Zündschema mit einem gemeinsamen mechanischen Kontakt S

takt s durch einen elektronischen ersetzt, der in der Lage ist, den Zündbefehl immer zum gleichen Zeitpunkt in Abhängigkeit von der Phasenlage zu geben, so ist auch hier ein synchrones Schalten möglich. Die geöffnete Haupt- bzw. Leistungsstufe eines solchen Schweißtakters zeigt Abb. 73. Es sind deutlich die beiden Ignitron-Gefäße zu erkennen, von denen das rechte mit dem oben erwähnten Überlastungsschutzschalter versehen ist. Ferner sind an der linken Gehäusewand die Trockengleichrichter für den Zündkreis zu erkennen.

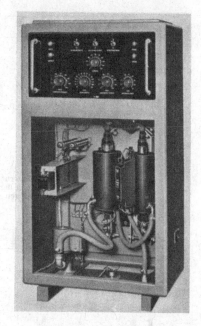

Das synchrone Schalten wird vorwiegend auf elektronischem Wege, und zwar mit Stromtoren erreicht. Das Stromtor hat nicht nur den Vorteil der Gleichrichterwirkung, sondern es kann bei Wechselstrom durch positive Gittervorspannung gezündet bzw. wiedergezündet werden (Abb. 74a u. b). Werden in dem Gitter-Kathoden-Kreis eines Thyratrons nach Abb. 75 2 Spannungen gleicher Größe, jedoch entgegengesetzter Richtung, eingeführt, so heben sich diese Spannungen auf, zwischen Gitter und Kathode erscheint nur die Vorspannung U_g.

Wird nun anstelle der beiden Gleichspannungen im Gitter- und Kathodenkreis eines Stromtors ein Transformator T_{r2} mit dem Übersetzungsverhältnis 1 : 1 eingeführt (Abb. 76), so liegt bei nicht gezündeten Ignitrons an der Primärseite P über dem Zündstift von T_1

Abb. 73. Synchron-Steuerschrank mit Gleichrichterweiche (AEG)

(Widerstand in der Größenordnung von $20 \cdots 200$ Ohm) die volle Netzspannung $U \sim$. Die in der Gitterleitung liegende Sekundärwicklung S ist so eingeschaltet, daß gegenüber der Primären eine Phasenverschiebung von $180°$ entsteht. An Gitter und Kathode ist dann genau wie in Abb. 75 nur die von außen angelegte Gittervorspannung U_g wirksam.

Wird die Primärwicklung des Transformators T_{r2} an die Kathode des rechten Stromtores angeschlossen, so erhält man das in Abb. 77 gezeigte Schaltbild. Die Kathoden und die Gitter der beiden Stromtore sind galvanisch verbunden, so daß die Zündung und das Sperren beider Gefäße durch eine gemeinsame Gleichspannung U_g erfolgen kann. Der zwischen den Zündstiften der Ignitrons fließende Strom wird durch den Transformator T_{r2} in zulässigen Grenzen gehalten. Der im Bild noch zusätzlich eingezeichnete Transformator T_{r3} beeinflußt die vorausgegangenen Betrachtungen nicht, er wird verwendet als Übertrager der später noch zu behandelnden Leistungssteuerung.

Ein großer Vorteil ist durch eine aus 2 antiparallel geschalteten Röhren bestehende Hauptstufe dadurch gegeben, daß bei geeigneter Ausbildung des Steuerteils neben der synchronen Einschaltung auch mit der sogenannten Leistungssteuerung und mit dem Stromanstieg gearbeitet werden kann. Die Leistungssteuerung ermöglicht ein stufenloses Einstellen der Stromhöhe, was durch Anschneiden der Stromhalbwellen erreicht wird, während der Stromanstieg beim Einschalten ein stetiges Ansteigen des Stromes bis zum eingestellten Nennstromwert erzwingt.

Für die Lösung von Steueraufgaben kommen 2 Hauptausführungen der Steuerorgane in Betracht. Das erste Gerät, Stromzeitbegrenzer oder einfach Zeitgeber genannt, ist für Schweißungen ohne besondere Schweißprogramme geeignet. Es

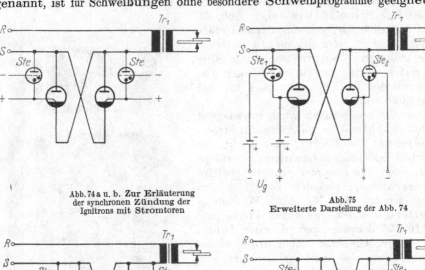

Abb. 74a u. b. Zur Erläuterung
der synchronen Zündung der
Ignitrons mit Stromtoren

Abb. 75
Erweiterte Darstellung der Abb. 74

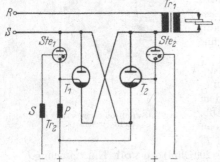

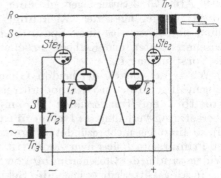

Abb. 76. Schaltung der Abb. 75, jedoch mit einem
Transformator an Stelle einer Gleichspannung

Abb. 77. Schaltung der Abb. 76 mit zusätzlichem
Übertrager (s. Abschn. 25)

Abb. 78. Stromzeitbegrenzer oder
Zeitgeber (AEG)

wird rein mechanisch sowie auch auf der elektronisch-mechanischen Basis gebaut. Für die hochwertigen Steuerungen wird nur die zweite Ausführungsart, die rein elektronische verwendet.

22. Stromzeitbegrenzer. Bei der mechanischen Ausführung schaltet eine Nockenscheibe mit einem verstellbaren Nocken einen Endschalter. Die Nockenscheibe wird über geeignete Kupplungselemente von einem Synchronmotor angetrieben. Der Einschaltimpuls wird bei diesem Gerät synchron gegeben, während die Stromzeit von außen durch Verändern der Nockenstellung ab 1 Periode einstellbar ist. Die Ansicht eines solchen Gerätes zeigt Abb. 78.

Der elektronisch-mechanischen Ausführung liegt die Entladezeit eines Kondensators über einen Widerstand zugrunde. Während der Ruhezeit wird der Kondensator auf eine bestimmte Spannung aufgeladen. Diese Spannung liegt als positive Gittervorspannung an einem

Stromtor, in dessen Anodenkreis die Erregerspule des Schweißschütz eingeschaltet ist. Wird nun der Steuerschalter betätigt, so zündet das Rohr und das Schweißstromschütz zieht an. Gleichzeitig setzt die Entladung des Kondensators über einen veränderbaren Widerstand ein, so daß die Gittervorspannung in den negativen Bereich abgesenkt wird. Beim Erreichen einer bestimmten negativen Gittervorspannung wird ein Wiederzünden des Stromtores nach dem Stromnulldurchgang vermieden. Bei gesperrtem Rohr ist aber der Stromkreis der Schützspule unterbrochen, das Schütz fällt ab. Die Entladezeit kann durch das Potentiometer stufenlos eingestellt werden. Die zu erreichenden Zeiten liegen zwischen 0,08 ··· 3 sek (siehe auch Abschn. 23).

Druck:

P Elektrodenkraft;
P_N Nachpreßkraft;
P_S Schweißpreßkraft;
P_V Vorpreßkraft

Strom:

I_A Anfangsstrom;
I_E Endstrom;
I_N Nachwärmstrom;
I_S Schweißstrom;
I_V Vorwärmstrom

Zeit:

1 Schließzeit einschließlich *10*;
2 Öffnungszeit;
3 Ruhezeit;
10 Eigenzeit beim Schließen;
11 Druckzeit;
12 Druckruhezeit;
13 Preßzeit einschließlich *17*;
14 Vorpreßzeit einschließlich *17*;
15 Schweißpreßzeit einschließlich *18a*;
16 Nachpreßzeit einschließlich *17a*;
17 Druckanstiegzeit;
17a Druckanstiegzeit;
18 Druckabfallzeit;
18a Druckabfallzeit;
19 Offenhaltezeit;
21 Bei a u. d: Stromzeit;
  bei b u. e: Stromzeit mit Pausen;
  bei c: Schweißstromzeit;
22 Vorwärmzeit;
23 Nachwärmzeit;
24 Stromruhezeit
25 Stromzeit[1] (beim Schweißen);
25a Stromzeit[1] (beim Vorwärmen);
25b Stromzeit[1] (beim Nachwärmen);
26 Strompause[2] (beim Schweißen);
26a Strompause[2] (beim Vorwärmen);
26b Strompause[2] (beim Nachwärmen);
27 Wärmeausgleichzeit;
28 Kühlzeit;
31 Stromanstiegzeit;
32 Stromabfallzeit;
41 Vorhaltezeit;
41a Schweißverzögerungszeit;
42 Nachhaltezeit;
43 Schmiedezeit

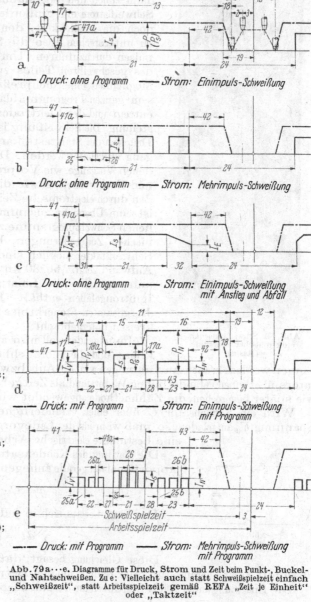

— Druck: ohne Programm   — Strom: Einimpuls-Schweißung

— Druck: ohne Programm   — Strom: Mehrimpuls-Schweißung

— Druck: ohne Programm   — Strom: Einimpuls-Schweißung mit Anstieg und Abfall

— Druck: mit Programm   — Strom: Einimpuls-Schweißung mit Programm

— Druck: mit Programm   — Strom: Mehrimpuls-Schweißung mit Programm

Abb. 79a ··· e. Diagramme für Druck, Strom und Zeit beim Punkt-, Buckel- und Nahtschweißen. Zu e: Vielleicht auch statt Schweißspielzeit einfach „Schweißzeit", statt Arbeitsspielzeit gemäß REFA „Zeit je Einheit" oder „Taktzeit"

[1] Kann $n \times$ auftreten.   [2] Kann $(n-1) \times$ auftreten.

23. Elektronische Steuerungen. Bei den rein elektronischen Steuerungen, die für verschiedenste Strom- und Kraftprogramme verwendet werden können, werden die Zeiten von der sogenannten Steuerstufe bestimmt. Sie nimmt bei Beginn einer

Schweißung den durch Drucktaster abgegebenen Steuerbefehl entgegen, legt das Magnetventil für die Elektrodenstösselbewegung an Spannung, wartet den Druckanstieg der Schweißelektroden ab und leitet dann über den sogenannten Maximalkontakt den Schweißstrom ein. Außerdem bieten die Steuerstufen noch die Möglichkeit, den Schweißstrom kurzzeitig zu unterbrechen, also die Schweißung in kurzen Impulsen durchzuführen. Um auch noch die Abkühlung des geschweißten Teiles zu beeinflussen, besteht die Möglichkeit, eine Nachpreßzeit einzustellen. Nach diesem ganzen Programmablauf wird das Magnetventil entregt und der Elektrodenstössel geht in Ausgangsstellung. Die Schweißung ist beendet. Durch erneutes Drücken der Starttaste kann der nächste Schweißvorgang eingeleitet werden. Die Taktzeiten der verschiedenen Vorgänge, wie Vorpreßzeit, Stromzeit, Ruhezeit und Nachpreßzeit, sowie die Anzahl der Impulse werden durch elektronische Zeitkreise erreicht. In Abb. 79 ist eine Übersicht zusammengestellt, die die wesentlichen Schweißprogramme zeigt, die heute mit elektronischen Zeitsteuerungen, bzw. mit einem modernen Schweißtakter möglich sind. Den hierfür notwendigen Aufwand zeigt Abb. 80 an einem Takter, der in seiner unteren Hälfte die Leistungsstufe mit den beiden Ignitrongefäßen enthält. In der oberen Hälfte sind die gesamten Steuerkreise mit den zugehörigen Zeitkreisen untergebracht.

Abb. 80. Schweißtakter mit elektronischer Steuerstufe (Masing)

Im folgenden soll nun auf den Aufbau solcher Zeitkreise und die gebräuchlichsten Schaltungen eingegangen werden. In allen Ausführungen wird die Auf- bzw. Entladezeit eines Kondensators über einen veränderlichen Widerstand als Zeitgeber ausgenützt, soweit nicht, wie später besprochen, die Zählmethode angewendet wird.

Wird ein Kondensator C über einen veränderlichen Widerstand R auf eine Spannung U_0 aufgeladen, so muß während des Ladevorganges von der Stromquelle eine bestimmte elektrische Arbeit geliefert werden.

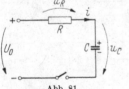

Abb. 81
Schematischer RC-Kreis

Die Ladung des Kondensators ist in jedem Augenblick proportional der gerade anliegenden Spannung u_C (Abb. 81):

$$q = C \cdot u_C.$$

Der Strom ergibt sich in jedem Zeitpunkt zu

$$i \cdot dt = dq. \tag{22}$$

Diese Gleichung besagt, daß der Strom i in dem Zeitabschnitt dt eine Veränderung der Ladung um den Betrag dq zur Folge hat.

Die Spannung ändert sich hierdurch um du und es gilt

$$dq = C \cdot du_C.$$

Durch Gleichsetzung mit Gl. (22) erhält man

$$i \cdot dt = C \cdot du_C$$

oder

$$i = C \cdot \frac{du_C}{dt}.$$

In jedem Augenblick ist die Spannung U_0 gleich der Spannung an dem Widerstand R und der des Kondensators C, also

$$U_0 = u_C + i \cdot R = u_C + R \cdot C \frac{du_C}{dt}. \tag{23}$$

Am Widerstand liegt die Spannung $u_R = U_0 - u_C$, diese bestimmt die Zunahme der Ladung. Im ersten Moment nach dem Einschalten tritt die größte Ladungszunahme auf, denn zunächst ist die am Kondensator liegende Spannung noch 0, während $u_R = U_0$ ist. Der Anstieg der Spannung u_C erfolgt anfangs proportional mit der Zeit, und zwar abhängig von der sogenannten Zeitkonstanten τ (Abb. 82, Kurve a)

$$\tau = R \cdot C.$$

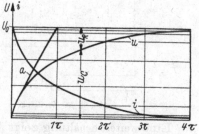

Abb. 82. Strom- und Spannungsverlauf für den Ladevorgang eines Kondensators (RC-Glied). a zeigt die Steilheit der Spannungskurve im Einschaltaugenblick

Im weiteren Verlauf wird jedoch $u_C > 0$ infolge der Ladungszunahme von C, während $u_R < U_0$ wird. Die Ladung nimmt dann weniger schnell zu.

Durch Umformen der Gl. (23) und Einsetzen von τ erhält man

$$\frac{du_C}{U_0 - u_C} = \frac{dt}{\tau}$$

Wird diese Gleichung integriert, so erhält man den Spannungsverlauf

$$u_C = U_0\left(1 - e^{-\frac{t}{\tau}}\right),$$

während der Stromverlauf

$$i = \frac{U_0}{R} e^{-\frac{t}{\tau}}$$

ist.

Der zeitliche Verlauf dieser Kurven ist in Abb. 82 dargestellt. Die Spannung nimmt exponentiell zu und nähert sich asymtotisch der Speisespannung U_0, während der Strom gedämpft abnimmt.

Bei $3\,\tau$ hat die Spannungskurve bereits $0{,}9502 \cdot U_0$ erreicht, während bei $4\,\tau$ $u_C = 0{,}9817 \cdot U_0$ sich einstellt. Im allgemeinen wird für die Dauer des Aufladevorganges mit $3 \cdots 4\,\tau$ gerechnet. Die Dauer ist unabhängig von der Höhe der angelegten Spannung und wird einzig und allein durch $\tau = R \cdot C$ bestimmt.

Die *Entladung* eines Kondensators über einen Widerstand bedarf ähnlicher Untersuchungen wie die Aufladung. Der Spannungsverlauf ergibt sich hier zu

$$u_C = U_0 \cdot e^{-\frac{t}{\tau}}$$

und der Strom

$$i = -\frac{U_0}{R} \cdot e^{-\frac{t}{\tau}}.$$

Hier sind Strom und Spannung exponentiell abklingend. Die Richtung des Stromes ist umgekehrt wie die bei der Aufladung. τ ergibt sich auch hier wieder aus dem Produkt $R \cdot C$.

24. Ausführung elektronischer Zeitkreise. Abb. 83 zeigt den Aufbau eines Zeitkreises mit Kondensatoraufladung. Wird der Schalter S gedrückt, so wird einmal der Hauptkreis eingeschaltet und zum anderen wird C über R_1 an Spannung gelegt. Nach Beendigung des Aufladevorganges, dessen Dauer durch R_1 einstellbar ist, zieht das Relais A an und unterbricht den Hauptkreis. Nach Loslassen von S wird C sofort über R_2 entladen, Relais A fällt ab.

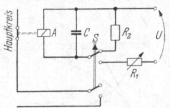
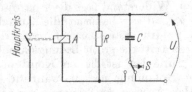

Abb. 83. *RC*-Zeitkreis   Abb. 84. Weiterer *RC*-Zeitkreis

Eine weitere Schaltung zeigt Abb. 84. Der Kondensator C liegt über den Ruhekontakt des Steuerschalters S an Spannung. Beim Betätigen von S werden das hochohmige Relais A und der Entladewiderstand R parallel zum Kondensator C geschaltet. Das Relais A zieht sofort an, C entlädt sich über R. Sinkt die Kondensatorspannung unter die Haltespannung von Relais A, so fällt dies ab und unterbricht den Hauptkreis wieder. Bei dieser Schaltung ist zu berücksichtigen, daß als Entladewiderstand die Parallelschaltung von R und dem Widerstand des Relais eingesetzt werden muß.

Wird mit der Auf- oder Entladezeit eines Kondensators die Gittervorspannung eines Stromtores beeinflußt, so können beispielsweise folgende Schaltungen verwendet werden:

In den Gitterkreis der Röhre in Abb. 85 ist eine negative Vorspannung B eingeschaltet, die das Zünden der Röhre verhindert. Wird nun Schalter S gedrückt, so wird durch Kontaktpaar 2 der Hauptkreis eingeschaltet. Kontaktpaar 1 legt die Röhre an Spannung. Gleichzeitig beginnt der Kondensator C sich über R_1 aufzuladen. Erreicht die Kondensatorspannung die Höhe der negativen Batteriespannung und übersteigt sie, so wird letztere aufgehoben. Jetzt erst kann die Röhre zünden. Relais A zieht an und unterbricht den Hauptkreis. Der Widerstand R_2 dient, nach dem Loslassen von S, zur Entladung des Kondensators.

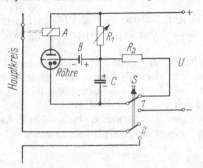
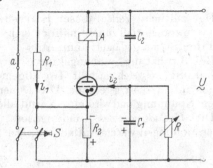

Abb. 85. Stromtor mit *RC*-Zeitkreis und   Abb. 86. Stromtor mit *RC*-Kreis und
Gleichstromspeisung   Wechselstromspeisung

Einen elektrischen Zeitkreis mit Wechselstromspeisung zeigt Abb. 86. Während der positiven Halbschwingung liegt an der Anode des Stromtores Plus- und an der Kathode Minuspotential. Durch den an R_2 entstehenden Spannungsabfall des Stromes i_1 wird das Gitter negativ vorgespannt, die Röhre bleibt also gesperrt. Während der negativen Halbschwingung liegt dann an der Kathode Pluspotential, was wiederum ein Sperren der Röhre bedeutet. Gleichzeitig fällt jedoch an R_2 eine Spannung mit der angegebenen Polarität ab, die den Kondensator mit den in Abb. 86 eingezeichneten Vorzeichen auflädt. Wird nun der Schalter S betätigt, und damit R_2 kurzgeschlossen, so stellt die Kondensatorladung eine negative Vorspannung dar, die sich über R entlädt. Nach der an R eingestellten Entladungszeit zündet die Röhre und bringt das Relais A zum Ansprechen, das seinerseits den Hauptkreis unterbricht. Durch Freigeben von S fällt A ab, die wiederauftretende negative Gittervorspannung verhindert ein erneutes Zünden der Röhre. Da die Röhre nur bei positiven Halbschwingungen gezündet ist, verhindert der Kondensator C_2 ein Abfallen des Relais während der negativen Halbschwingung.

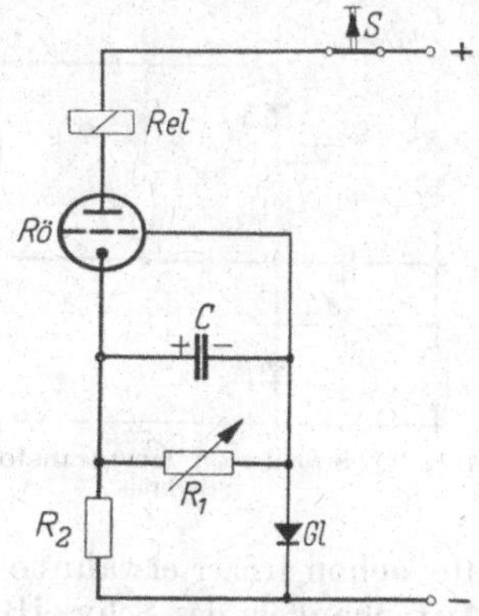

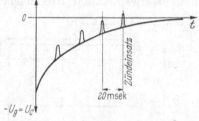

Abb. 87. Weiterer RC-Kreis mit Stromtor und Gleichstromspeisung

Die Schaltung nach Abb. 87 unterscheidet sich insofern von den vorhergehenden Ausführungen, als die Röhre beim Anlegen der Speisespannung sofort Strom zieht. Der zum Widerstand R_1 und R_2 parallelgeschaltete Kondensator lädt sich mit der angegebenen Polarität auf.

Wird nun der Schalter S (Ruhekontakt) kurzzeitig gedrückt, so erlischt das Rohr. Ein Wiederzünden wird durch die negative Gittervorspannung, hervorgerufen durch die Kondensatorladung, vermieden. Mit dem Drücken des Schalters S setzt gleichzeitig die Entladung von C über R_1 ein. Eine Entladung über R_2 wird durch den Gleichrichter Gl verhindert. Sinkt die negative Gittervorspannung unter die Zündkennlinie, so wird das Rohr wieder leitend.

Meistens, so auch bei den Steuerstufen für Schweißmaschinen, reicht jedoch der Spannungsverlauf einer Kondensatorentladung zum Erreichen eines genau definierten Zündeinsatzpunktes nicht aus. Um diesen Umstand zu beseitigen, werden der Spannungskurve Impulse überlagert, die ein exaktes Zünden ermöglichen (Abb. 88). Erzeugt werden diese Impulse in einem besonders ausgeführten *Impulstransformator*, der beim Anschluß an technische Wechselspannung (50 Hz) scharfe positive Spannungsspitzen im Abstand von 20 ms (Millisek.) liefert (die negativen Spannungsspitzen werden, wie später gezeigt, in einem Parallelkreis abgeschnitten). Aufgebaut ist der Transformator auf einem Eisenkern mit 2 magneti-

Abb. 88. Zur Erläuterung des exakten Zündeinsatzes

schen Kreisen, dem luftspaltlosen Hauptkreis, auf dem die Primär- und Sekundärwicklung sitzt, und einem Nebenschlußkreis mit eingebautem Luftspalt. Die Sättigung des Kerns ist durch die Wahl des Bleches und durch Auslegung des Querschnitts sehr nieder gehalten. Fließt nun durch die primäre hohe Windungszahl ein Strom, so wird sich bereits nach kurzer Zeit die Sättigung einstellen. Eine weitere Induktionserhöhung wird dann vom Luftspalt im Nebenschlußkreis aufgenommen.

Der in Abb. 89 primärseitig noch eingebaute Kondensator und Widerstand dient zur Begrenzung der Größe sowie der Veränderung der Länge und Phasenlage des Impulses. Abb. 90 zeigt die bereits in Abb. 87

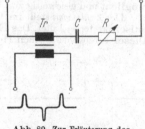

Abb. 89. Zur Erläuterung des Impulstransformators

aufgeführte Schaltung mit zusätzlichem Einbau des Impulstransformators.

Über den Gleichrichter Gl_2 und den Widerstand R_3 werden die positiven Impulse in den Gitterkreis des Stromtores eingeführt, während die negativen Spitzen, die das Gitter hoch negativ vorspannen würden, über den Kreis Gl_3 und Widerstand R_4

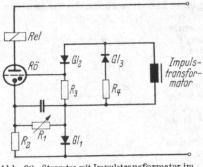

abgeleitet werden und damit für den Gitterkreis abgeschnitten sind. Ein weiterer Vorteil der Einschaltung eines Impulstransformators liegt darin, daß er in dieser Ausführung nur bei der positiven Halbschwingung den Zündimpuls an das Stromtor und über die Zünd-Thyratrons zur Hauptstufe gibt. Denn damit ist einmal die Möglichkeit gegeben, daß immer zum gleichen, einmal festgelegten Zeitpunkt gezündet wird, und zum anderen, wenn zwei solche Stufen, wie in Abb. 90 gezeigt, sich in der Folge abwechseln, daß immer volle Perioden, d. h. eine gerade Zahl von Halbschwingungen, geschaltet werden. Man erhält damit

Abb. 90. Stromtor mit Impulstransformator im Gitterkreis

die schon früher erwähnte Zwangssymmetrierung, die ein einseitiges magnetisches Aufschaukeln des Schweißtransformators verhindert und damit einen hohen Einschaltstromstoß vermeidet.

Soll eine Schweißung mit *mehreren Stromstößen* durchgeführt werden, so kann die Zahl der Stromstöße grundsätzlich wie oben beschrieben mit Zeitkreis und Impulstransformator eingestellt werden. Ist jedoch das Speisenetz sehr großen Spannungsschwankungen unterworfen, so wird der Zündeinsatz ebenfalls etwas schwanken. Wird jetzt z. B. mit 3 Stromstößen bei mehreren Perioden Stromzeit geschweißt, so bedeutet eine etwaige Schwankung von $+ 1$ Stromstoß eine erhebliche Mehrwärmezufuhr, die zu einem Verbrennen der Schweißstelle führt. Aus diesem Grunde wird in verschiedenen Steuerungsausführungen, um die richtige Anzahl von Stromstößen zu erhalten, eine dekadische Zählröhre oder ein Zählmagnet verwendet.

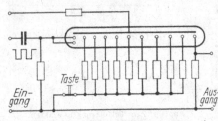

Die *Zählröhre* ist eine Kaltkathodenröhre, die durch Impulse weitergeschaltet wird. Der konstruktive Aufbau zeigt eine Anode, die den 10 im Kreis angeordneten Kathoden gegenüberliegt. Je 1 Hilfskathode ist den Hauptkathoden zugeordnet (Abb. 91). Die Entladung springt

Abb. 91. Zur Erläuterung der Zählröhre

beim Anlegen und Wegnehmen eines Zählimpulses jeweils zur nächsten der zehn Hauptkathoden über. Von Auge kann die jeweilige Stellung der Entladung (Glimmlicht) abgelesen werden, während der Spannungsabfall an den Kathodenwiderständen eine elektrische Feststellung ermöglicht und gleichzeitig zur Weiterschaltung verwendet werden kann.

Der *Zählmagnet* stellt im Grundaufbau ein Relais dar und wird wie die Zählröhre mit Impulsen weitergeschaltet. Das Einziehen des Ankers bewirkt das Schließen des ersten Kontaktes. Dieser bereitet durch einen Hebel, also rein mechanisch, das Kontaktpaar 2 vor, so daß es bei einem weiteren Impuls geschlossen, ein weiteres vorbereitet und die vorhergehende Verbindung geöffnet wird.

Beide Ausführungen, Zählröhre als auch Zählmagnet, vermögen die Anzahl der Stromstöße exakt zu bestimmen.

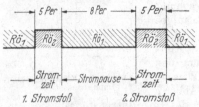

Abb. 92. Zur Erläuterung der Strom- und Pausenzeit

Am Beispiel der *Stromzeit* und der *Strompausenzeit* soll im folgenden die gegenseitige Ablösung während des Steuerungsablaufs erklärt werden. Denn nach Ablauf der in

Perioden eingestellten Stromzeit soll das Ruhezeitrohr zünden und gleichzeitig das Stromzeitrohr gelöscht werden. Umgekehrt muß auch bei einem weiteren eingestellten Stromstoß (Abb. 92) nach der eingestellten Ruhezeit (Strompausenzeit) durch ein zweites Zünden des Stromzeitrohres das Strompausenrohr ausgeschaltet werden.

Diese Wechselwirkung wird durch die sogenannte *Wechselrichterschaltung* erreicht, deren einfachen Aufbau Abb. 93 zeigt.

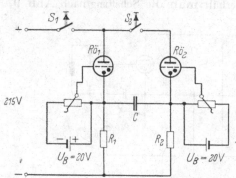

Abb. 93. Schema einer Wechselrichterschaltung

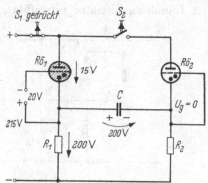

Abb. 94. Schaltung Abb. 93, *Rö₁* gezündet

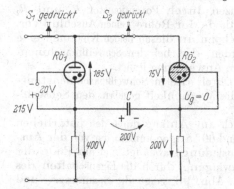

Abb. 95. Schaltung Abb. 94, *Rö₁* und *Rö₂* gezündet

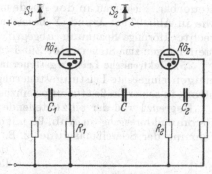

Abb. 96. Schaltung Abb. 93, jedoch mit den Kondensatoren C_1 und C_2 im Gitter-Kathodenkreis

Durch Betätigen des Schalters S_1 wird das Stromtor $Rö_1$ an eine Anodengleichspannung von 215 V gelegt. Die Gittervorspannung sei − 20 V, das Stromtor kann also nicht zünden. Wird nun die Gittervorspannung kurzzeitig auf den Zündpunkt abgesenkt, so wird die Röhre durchzünden. Dieser Zustand bleibt so lange erhalten, bis die Anodenspannung kleiner als die Brennspannung wird bzw. der Anodenstrom durch Öffnen des Schalters S_1 unterbrochen wird.

Abb. 94 zeigt $Rö_1$ gezündet. Die an der Röhre abfallende Brennspannung beträgt 15 V, während am Widerstand R_1 die restliche Spannung von 200 V liegt. Der Kondensator lädt sich über den Widerstand R_2 mit der angegebenen Polarität auf diese 200 V auf. Wird nun der Schalter S_2 gedrückt, so wird, nachdem die Gitterspannung an $Rö_2$ gleich 0 ist, diese zünden. Im Zündzeitpunkt sind dann die in Abb. 95 eingezeichneten Spannungen vorhanden. Der Kondensator C ist noch auf 200 V aufgeladen, an dem Widerstand R_2 entstehen 200 V, so daß sich nach dem Kirchhoffschen Gesetz an dem Widerstand R_1 400 V ergeben müssen. Somit liegen nun an der Kathode der Röhre $Rö_1$ 185 V mit positiver Polarität gegenüber der Anode. Die Folge ist, daß Röhre $Rö_1$ erlischt und der Kondensator C sich auf 200 V mit umgekehrter Polarität auflädt. Legt man zwischen Gitter und Kathode der Stromtore einen Kondensator (C_1 und C_2), wie in Abb. 96 gezeigt, und schließt den Schalter S_1, dann zündet zunächst Röhre 1, durch die an R_1 stehende Spannung (200 V) lädt sich C_1 auf Sperrspannung auf; die Röhre bleibt jedoch gezündet. Wird nun auch S_2 geschlossen, so zündet Röhre 2 und löscht, wie oben beschrieben, Röhre 1 aus. Kondensator C_1 kann sich nun über R_1 entladen. Bei Erreichen der kritischen Gitterspannung (Zündspannung) von Röhre 1 zündet diese wieder und löscht dabei Röhre 2 aus. Dieses Spiel setzt sich so lange fort, bis S_1 oder S_2 geöffnet wird. Eine Änderung der „Brenn"- oder „Gelöschtzeiten" ist in engen Grenzen durch Veränderung der Widerstände R_1 und R_2 oder der Kondensatoren C_1 und C_2 möglich. Die Grenzen sind durch die Größe der Widerstände gegeben. Ein zu großer Widerstand ergibt unstabiles Brennen der Röhren, während ein zu kleiner Widerstand die Überlastung des Stromtores zur Folge hat.

Wird nun anstelle des Kondensators der bereits in Abb. 90 gezeigte Zeitkreis mit Impulstransformator eingeführt, so erhält man die Schaltung nach Abb. 97.

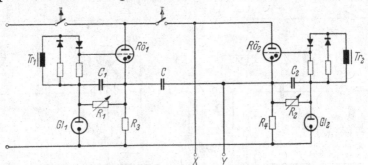

Abb. 97. Schaltung Abb. 96 mit Zeitkreis und Impulstransformator

Darin sind die Kippzeiten in weiten Grenzen durch Potentiometer R_1 und R_2 steuerbar. Sieht man an der Anode und Kathode der Röhre 2 einen Anschluß vor, wie in Abb. 97 mit X und Y bezeichnet, so kann an diesen beiden Klemmen eine rechteckförmige Spannung abgegriffen werden, die bei den Schweißmaschinensteuerungen zum Steuern der Zündstromtore Anwendung findet.

25. Elektronische Leistungssteuerungen. Durch die in Schweißmaschinensteuerungen eingebaute Leistungssteuerung ist die Möglichkeit gegeben, den Schweißstrom in seiner Größe stufenlos einzustellen.

Begrenzt wird der einzustellende Bereich am Anfang durch den natürlichen Stromnulldurchgang (in Abb. 98 mit $\varphi = $ rund 60° angenommen), der von der Ausführung der Schweißmaschine (z. B. Armausladung) abhängt, und am Ende der Halbschwingung durch die Eigenschaften des Rohres. Abb. 98 zeigt die Spannungs- und Stromverhältnisse des Schweißtransformators beim Betrieb mit voller Leistung; φ' ist dann der Bereich, der zur Zündwinkelschiebung verbleibt. Will man nun die Anlage bei verminderter Leistung betreiben, so wird dies durch den sogenannten Phasenanschnitt möglich. Wie bereits unter den Ausführungen über die Hauptstufen beschrieben, müssen die Ignitrons während der Stromzeit nach jedem Stromnulldurchgang erneut gezündet werden. Gelingt es, den Zündeinsatz der Zünd-Stromtore und

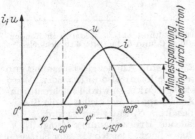

Abb. 98. Zur Erläuterung der Leistungssteuerung. φ' zur Verfügung stehender Einstellbereich

der Ingitrons um einen weiteren Winkel φ_1 zu verzögern, d. h. die Phase „anzuschneiden", so ist die gewünschte Leistungssteuerung erreicht. Hergestellt wird diese Zündverzögerung bei Steuerungen durch Verändern der Phasenlage der Gitterwechselspannung $Ug \sim$ der Zünd-Stromtore. Dem Betrag nach darf sich jedoch $Ug \sim$ dabei nicht ändern. Beide gestellte Forderungen werden durch eine Phasenbrückenschaltung nach Abb. 99 erfüllt.

Bei einer Reihenschaltung von R und C an eine Wechselspannung eilt die an C liegende Spannung derjenigen an R um $\varphi = 90°$ nach. Ändert man nun R oder C in seiner Größe, so bewegt sich der Schnittpunkt P der Spannungsvektoren auf einem Halbkreis. Es ist bekannt, daß beim Schnittpunkt der beiden Katheten mit

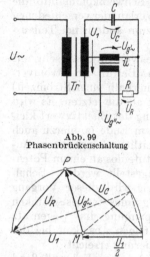

Abb. 99
Phasenbrückenschaltung

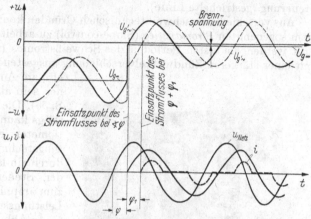

Abb. 100
Vektordiagramm zu Abb. 99

Abb. 101. Verlauf der Spannungen $Ug'\sim$ (Abb. 100), $Ug=$ (Abb. 97) und $U-$ Schweißtransformator sowie des Stromes im letzteren

dem Halbkreis über der Hypothenuse zwischen den Katheten ein rechter Winkel, also $\varphi = 90°$, gebildet wird. Ein zwischen die Mittelanzapfung von T_R und die Verbindung RC (Abb. 99) eingeschalteter Übertrager erhält dann im Diagramm (Abb. 100) eine in ihrer Größe *konstante* Spannung $Ug'\sim$ (Strecke $PM =$ Radius des Halbkreises), die in der Phasenlage jedoch *verschiebbar* ist und in der dem Übersetzungsverhältnis $\ddot{U}$ des Übertragers entsprechenden Größe $Ug''\sim$ dem Gitter des Zündthyratrons zugeführt wird. Die Einschaltung in den Gitterkreis der Röhren, der

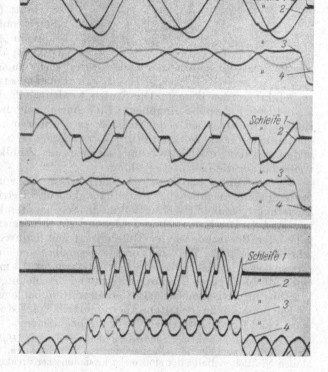

Abb. 102. Strom-Spannungs-Oszillogramm eines Schweißtaktes
Schleife 1 Spannung am Transformator; *Schleife 2* Primärstrom; *Schleife 3* u. *4* Gitterspannung des Zündthyratrons
Oben: Volle Leistung;
Mitte: Phasenanschnitt, Teillast
unten: Stromanstieg

Sekundärseite des Transformators, ist bereits in Abb. 77 aufgeführt. Dieser Wechselspannung ist die in Schaltung nach Abb. 97 von der Steuerstufe abgegebene, rechteckförmige Gleichspannung überlagert, die beim Schweißkommando die Wechselspannung impulsartig absenkt. Abb. 101 zeigt den Verlauf der verschiedenen Spannungen, einmal bei voller Belastung (volle Linie), zum andern bei Teilaussteuerung (gestrichelte Linie).

Aus verschiedenen schweißtechnischen Gründen kann es von Interesse sein, mit dem sogenannten *Stromanstieg* (Slope-control) zu arbeiten. Bei diesem Stromverlauf werden die ersten Perioden des Schweißstromes (innerhalb einer Stromzeit) mit einer stärkeren Zündwinkelverschiebung ausgesteuert als die letzten. Es wird also am Anfang der Effektivwert kleiner sein als am Ende (s. hierzu auch S. 56). Die zeitliche Länge dieses Anstiegs kann stufenlos an einem Potentiometer eingestellt werden. Schaltungstechnisch wird dieser Vorgang durch ein langsames stetiges Absinken der Steuerspannung im Gegensatz zum impulsartigen Absinken bei der Leistungssteuerung erreicht.

In Abb. 102 sind noch abschließend Originaloszillogramme wiedergegeben, die die Spannung am Transformator, dessen Primärstrom und die Gitterspannung der Zündthyratrons zeigen, und zwar für volle Leistung, Phasenanschnitt (Teillast) und Stromanstieg (Slope-control).

Beim *Aufbau der Takter* ist man bestrebt, die Steuerstufen möglichst leicht zugänglich zu machen, damit Instandsetzungen in kürzester Zeit ausgeführt werden können. Die Stufen werden vielfach in herausklappbare oder ausziehbare Einschübe eingebaut. Eine Ausführung mit aufklappbarer und ausziehbarer Konstruktion zeigt Abb. 103. In der oberen herausgeklappten Stufe sind die Bauteile für die Zeitkreise (Impulstransformator u. a.) zu sehen. Darunter befinden sich links die Überwachungselemente des Zündkreises und rechts der Einstellknopf für die Leistungsregelung.

Abb. 103. Ansicht der Steuerstufe eines Schweißtakters (Siemens)

26. Steuerungen mit Transistor-Baueinheiten. Die zunehmende Rationalisierung sowie erhöhte Ansprüche an Schalthäufigkeit und Betriebssicherheit haben in der Steuerungstechnik in jüngster Zeit zu den sogenannten kontaktlosen Steuerelementen geführt. Der Name schon deutet auf ein Schaltelement hin, dessen Kontaktgabe ohne Berührung zweier Teile erfolgt und dadurch einen mechanischen Verschleiß ausschließt. Weitere Vorteile gegenüber den herkömmlichen Relaissteuerungen liegen in den kurzen Schaltzeiten, unter 0,1 ms (Millisek.), und der Unempfindlichkeit gegen Erschütterungen und Beschleunigungen. Außerdem kann die Wartung auf das gelegentliche Entfernen von Staubablagerungen beschränkt werden.

Die Funktion des Schaltens übernimmt ein Transistor, während Dioden, Widerstände und Kondensatoren zur Verknüpfung dienen.

Dioden und *Transistoren* gehören zu den sogenannten *Halbleitern*. Die Leitfähigkeit von Halbleitern nimmt eine Zwischenstellung ein zwischen dem metallischen Leiter und dem idealen Nichtleiter. Halbleiter sind meist kristallinischer Struktur. Fremdatome können schon bei sehr geringer Konzentration die Leitfähigkeit beeinflussen. Man spricht dann im Unterschied zur Eigenleitung von Störleitfähigkeit. Auf diesen Gitterstörungen beruht die Wirkung der Halbleiterdioden und Transistoren. Man unterscheidet, je nach dem negativen oder positiven Vorzeichen der Stromträger, den n- oder p-Typ der Störleitung. n-Halbleiter (-Leitung) = Halbleiter mit Elektronenleitung (Überschußleitung). p-Halbleiter (-Leitung) = Halbleiter mit Defektelektronenleitung (Defektleitung, Löcherleitung). i-Halbleiter (Eigenhalbleiter) = Halbleiter mit gleicher Elektronen- und Defektelektronendichte.

Halbleiterdioden sind Halbleiterbauelemente mit stromrichtungsabhängigem Widerstand und zwei Anschlüssen. Ein *Transistor* ist eine aktive, d. h. verstärkende Halbleiteranordnung mit drei oder mehr Anschlüssen. Den schematischen Aufbau eines Transistors zeigt Abb. 104. Die Basiszone ist diejenige zwischen Emitter- und Kollektorzone. In der Emitter-Basis-Schaltung stellt die Basis die Steuerelektrode dar. Durch sie kann der durch den Kollektor fließende Strom gesteuert werden. Die Kollektorzone sammelt die aus der Basiszone kommenden Minoritätsträger. Spitzentransistoren haben Spitzen- oder Punktkontakte für Emitter und Kollektor. Flächentransistoren bestehen aus einem Einkristall mit drei oder mehreren Zonen verschiedener Leitfähigkeit und flächenhaften Übergängen (pn, pi, ni) zwischen den Zonen. Als die Anwendung bestimmende Grenzen werden heute angegeben: Normale Kollektorspannungen $20 \cdots 30$ V, bei einzelnen Siliziumtransistoren über 100 V. Spitzenströme bei Leistungstransistoren bis 10 A, Verlustleistungen bis 50 W. Die Temperaturgrenzen für die Sperrschicht liegen für Germanium bei $90\,°C$, für Silizium bei $175\,°C$. Die Frequenzgrenze erreicht in besonderen Fällen 100 MHz [9]. Nach der neueren Entwicklung besteht eine Vierschichtdiode aus zwei Komplementärtransistoren, und zwar einem npn- und einem pnp-Transistor. Widerstand im offenen Zustand $10 \cdots 100$ $M\Omega$ (Mega-Ω = $10^6\,\Omega$), im geschlossenen Zustand $3 \cdots 30$ Ω. Umschaltzeit $10 \cdots 100$ ns (Nanosek = 10^{-9} sek) [10].

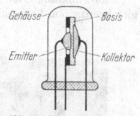

Abb. 104. Schematischer Aufbau eines Transistors

Typ	Symbol	äquivalente Kontaktschaltung	Zeit-Funktionsplan
oder			
und			
Speicher			
Zeit			

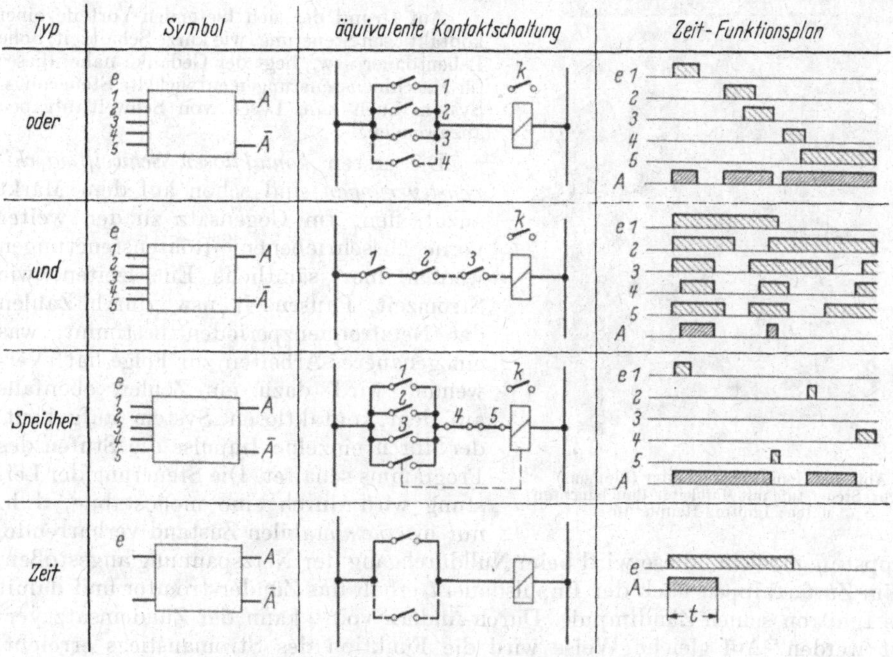

Abb. 105. Zur Erläuterung der Halbleiter-Funktionselemente

Der Aufbau einer Halbleiter-Steuerung gliedert sich in 3 Hauptgruppen, den *Eingangsteil* zur Umformung von Eingangsgrößen wie Start, Position usw., den *befehlsverarbeitenden* Teil und den *Ausgangsteil*, der Schaltbefehle verstärkt an die Betätigungselemente weitergibt.

Das Kernstück einer Steuerung ist der *befehlsverarbeitende* Teil, der aus Bauelementen der verschiedensten Funktionen aufgebaut ist. Folgende 4 Grundelemente mit Kippverhalten[1] finden dabei Anwendung (s. Abb. 105).

Oder-Funktion. Um am Ausgang eines Oder-Gliedes ein Ein- oder L-Signal zu erhalten, genügt es, wenn Eingang 1 *oder* Eingang 2 *oder* ··· ein L-Signal führt. In der Relaissteuerung ist dieser Zustand gleichbedeutend mit parallelgeschalteten Arbeitskontakten.

Und-Funktion. Der Ausgang beim Und-Glied führt nur dann L-Signal, wenn gleichzeitig sämtliche Eingänge, also e_1 und e_2 und e_3 und ···, L-Signal führen. Zu vergleichen ist dies mit hintereinandergeschalteten Arbeitskontakten.

Speicher- oder Gedächtnisfunktion. Dieses Element ist in der Lage, einen bestimmten Zustand durch einen gegebenen Befehl zu speichern. Gelöscht werden kann die Speicherung durch einen erneut gegebenen Impuls. Bei Relaisschaltungen kommt dies der Selbsthalteschaltung gleich.

Zeit-Funktion. Das Zeitelement hat die Aufgabe, ein Signal über eine bestimmte einstellbare Zeit aufrechtzuerhalten. Bei den herkömmlichen Steuerungen wird diese Aufgabe vom Zeitrelais erfüllt.

Auf Grund der sich bietenden Vorteile einer kontaktlosen Steuerung, wie kurze Schaltzeit, hohe Lebensdauer usw., liegt der Gedanke nahe, dieses für Maschinensteuerungen entwickelte Steuerungs-System auch zum Lösen von Schweißaufgaben anzuwenden.

Die ersten *kontaktlosen Schweißmaschinensteuerungen* sind schon auf dem Markt anzutreffen. Im Gegensatz zu den weiter vorne beschriebenen Röhrensteuerungen werden hier sämtliche Einzelzeiten, wie Stromzeit, Pausenzeit usw. durch Zählen der Netzfrequenzperioden bestimmt, was ein genaueres Arbeiten zur Folge hat. Verwendet wird dazu ein Zähler, ebenfalls auf dem kontaktlosen System aufgebaut, der durch einzelne Impulse die Stufen des Programms schaltet. Die Steuerung der Leistung wird durch eine monostabile, d. h. nur in *einem* stabilen Zustand verharrende,

Abb. 106. Punktschweißtakter (Siemens)
Oben: Steuerstufe mit Halbleiter-Bauelementen;
unten: Ignitron-Hauptstufe

Kippstufe erreicht; diese wird beim Nulldurchgang der Netzspannung angestoßen. Beim Zurückkippen nach der Impulsdauer t_i erhält das Zünderstromtor und damit das Ignitron seinen Zündimpuls. Durch Ändern von t_i kann der Zündeinsatz verlegt werden. Auf gleiche Weise wird die Funktion des Stromanstiegs erreicht, während der Stromzeit wird die Schaltzeit der Kippstufe verändert.

---

[1] Kippverhalten bedeutet, daß nur 2 Zustände möglich sind:

Spannung vorhanden = L-Signal
Spannung nicht vorhanden = O-Signal

Die Verwendung der Transistoren ermöglicht auch günstigere Verriegelungs-
bedingungen, so daß technologisch bedingt schwierige Programme durch Anbauen
weiterer Elemente ausgeführt werden können. Ein weiterer Vorteil dieser Steue-
rungsausführung ist durch den kleinen Platzbedarf und den übersichtlich angeordneten Aufbau gegeben. Die Ansicht eines Punktschweißtakters mit Halbleiter-
Bauelementen gibt Abb. 106 wieder.

F. Messen der Arbeitsgrößen

27. Allgemeines. Für die Wiederholbarkeit einer Schweißung ist es von größter
Bedeutung, daß die auf Grund der Versuchsschweißungen als richtig erkannten
Werte gemessen und festgehalten werden können. Damit ist dann auch die Möglichkeit gegeben, auf jeder beliebigen anderen Maschine, so weit sie in der Lage ist, den
notwendigen Arbeitsbereich zu leisten, die Schweißung wieder einzurichten und zu
wiederholen. Das richtige Messen ist außerdem für die laufende betriebliche Überwachung einer Maschine oder Einrichtung notwendig. Bei lebenswichtigen Verbindungen wird man eine Maschine sogar vollautomatisch überwachen, so daß die
nicht mehr richtigen Werte angezeigt werden und die Maschine gegebenenfalls still
gesetzt wird.

Das Hauptproblem der Meßtechnik für das Widerstandsschweißen ist in der
Kurzzeitigkeit der Vorgänge zu sehen. Hierzu kommt die richtige Erfassung der
Stromwerte, weil bei der heutigen Steuerungstechnik in den meisten Fällen ein
sinusförmiger Verlauf der Ströme durchaus nicht mehr gegeben ist. Im folgenden
sind die Möglichkeiten für die Strom-, Zeit- und Druckmessungen angegeben.

28. Strommessungen. Bei sinusförmigen Wechselströmen unterscheidet man
dreierlei Arten von Stromwerten: 1. den Maximal- oder Scheitelwert I_{max}, 2. den
Effektivwert I_{eff}, 3. den arithmetischen Mittelwert I_{mittel}.

Der *Maximal-* oder *Scheitelwert* wird jeweils im Punkt a
(Abb. 107) erreicht. Der für die Wärmeerzeugung maß-
gebliche *Effektivwert* (Ordinatenwert bei b) wird durch
folgende Gleichung definiert (T Schwingungsdauer):

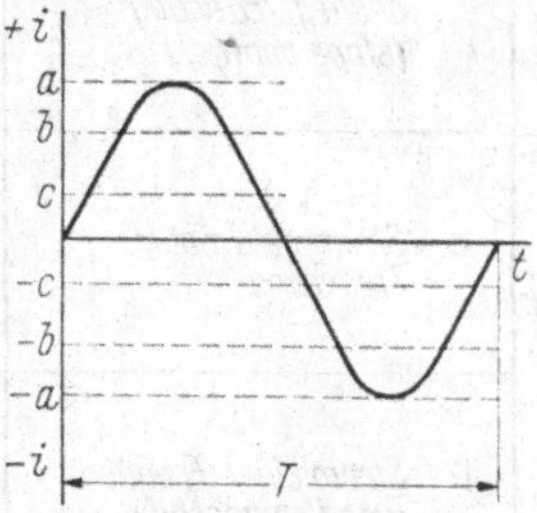

Abb. 107. Zur Erläuterung der
verschiedenen Werte bei sinusförmigem Stromverlauf

$$I_{eff} = \sqrt{\frac{1}{T}\int_0^T i^2 \cdot dt} = \frac{1}{\sqrt{2}} I_{max}.$$

Der *arithmetische Mittelwert* für die ganze Sinusschwin-
gung ist

$$I_{mittel} = \frac{I_{max}}{\pi} + \left(\frac{-I_{max}}{\pi}\right).$$

Für die *Bemessung der Ignitrons* interessiert der Mittelwert einer Halbschwingung (Ordinate c in Abb. 107):

$$I_{mittel} = \frac{I_{max}}{\pi} = 0,45 \cdot I_{eff}.$$

a) Primärströme: Diese Ströme können in der Größenordnung bis zu 5000 A
liegen. Man kann sie mittels Wandler oder geeichter Widerstände messen. Schematisch sind diese Möglichkeiten in Abb. 108 dargestellt. Die zur Verfügung stehende
Spannung entweder an der Bürde 1 oder am Widerstand 2 sollte so groß sein, daß
insbesondere mit einem Kathodenstrahl-Oszillographen möglichst ohne Verstärker
gearbeitet werden kann.

b) Sekundärströme: Da für das Schweißen nur der in der Schweißstelle
fließende Strom maßgebend ist, soll hier die Meßgenauigkeit der *Sekundärströme*
eingehender behandelt werden. Ihre wichtigsten bei der heutigen Steuerungstechnik

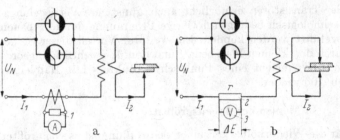

Abb. 108 a u. b. Messen des primären Schweißstromes

a) mit Stromwandler; b) mit geeichtem Widerstand
1 Bürde; 2 geeichter Widerstand r; 3 Spannungsabfall
$$\Delta E = I_1 \cdot r$$
(besser U statt E)

a	sinusförmiger Strom (synchrones Schalten)	
b	Strom beim asynchronen Schalten	
c	Strom bei Phasenanschnittsteuerung	
d	Strom bei Leistungsanstiegsteuerung (slope control)	
e	Strom bei Impulssteuerung	
f	Strom einer Frequenzwandlermaschine	
g	Gleichstrom bei der Gleichrichtung von drei Wechselströmen	
h	Kondensatorentladungsstrom oszillatorisch (mit induktivem Widerstand im Entladekreis)	
i	Kondensatorentladungsstrom aperiodisch	

Abb. 109 a ··· i. Die wichtigsten Formen der Ströme

auftretenden Formen sind in Abb. 109 schematisch dargestellt. Die Größe dieser Ströme beträgt etwa 1000···100 000 A. Sie können entweder mit geeichten Meßwiderständen oder mit Strombändern, sogenannten ROGOWSKI-Schleifen, gemessen werden. Die beiden Möglichkeiten sind in Abb. 110 gemeinsam dargestellt.

Bei dem *Widerstandsverfahren* (Pos. *6, 7*) wird ein in seiner Größe genau bekannter rein Ohmscher Widerstand vom Schweißstrom durchflossen. Der an seinen beiden Enden *7* auftretende Spannungsabfall ist ein Maß für den Wert des Sekundärstromes. Man muß eine geeignete Abschirmung vorsehen,

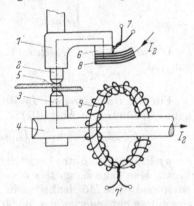

Abb. 110. Schematische Darstellung zum Messen der Sekundärströme

1 oberer Elektrodenträger; *2* obere Elektrode; *3* untere Elektrode; *4* unterer Elektrodenträger; *5* Werkstücke; *6* Meßwiderstand; *7* u. *7'* Anschlüsse für Meßinstrumente; *8* Cu-Bänder für Stromzuleitung; *9* Strommeßband (ROGOWSKI-Gürtel)

da sonst die relativ starken Felder das Meßergebnis verfälschen können. Unter der Voraussetzung, daß für die Abführung der Verlustwärme gesorgt ist, kann der Meßwiderstand dauernd in der Schweißmaschine eingebaut sein, ein Wunsch der Anwender an die Hersteller solcher Maschinen für hochwertige Schweißungen. Am meisten angewandt, zumal bei den größeren Strömen, wird heute das *Meßbandverfahren* mit dem ROGOWSKI-Gürtel (Pos. *9*), einer auf ein nicht metallisches Band aufgewickelten Induktionsspule. Wird dieses Band, wie im Bild angedeutet, um den stromführenden Arm der Schweißmaschine gelegt, so entsteht an den Klemmen *7'* beim Fließen des Schweißstromes I_2 durch Induktion eine Wechselspannung e. Sie ist proportional dem Differential, d. h. der Änderungsgeschwindigkeit des Stromes I_2 [*11, 12, 13*], also bei sinusförmigem Stromverlauf unmittelbar ein Maß für den Strom (z. B. Abb. 109a u. e). Bei teilausgesteuerten Strömen, z. B. ähnlich Abb. 109c, muß man, um aus dem Differentialquotienten di/dt den Strom i zu erhalten, integrieren. Dies kann auf elektrischem Wege mit Hilfe eines RC-Gliedes geschehen; den schematischen Aufbau der Meßanordnung zeigt Abb. 111 u. 112 [*12*].

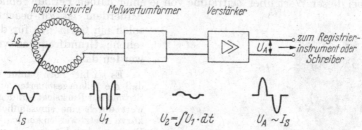

Abb. 111. Meßwertumformung bei teilausgesteuerten Strömen (ROHLOFF)

Unter der Voraussetzung, daß

$$R \gg \frac{1}{\omega \cdot C},$$

wo ω die niedrigst auftretende Kreisfrequenz ist, ist die Spannung am Kondensator ein Abbild des Schweißstromes. Bei genügend tiefer Grenzfrequenz kann diese Anordnung auch für die Sekundärströme von Drehstrommaschinen benützt werden, ähnlich Abb. 109f. Zum Registrieren der Ströme kann man eines der im nächsten Abschnitt, S. 59, besprochenen Geräte anschließen.

c) Betriebsmäßiges Messen. Für das *betriebsmäßige* Messen sind Oszillogramme wegen ihrer schwierigen Auswertung weniger geeignet, zumal hier in erster Linie die Zahlen der Effektivwerte interessieren. Man strebt Zeigermeßgeräte an, die ein Ablesen des Meßwertes gestatten. Hierbei muß man wegen der Trägheit solcher Instrumente zwischen längeren Stromzeiten ($> 0{,}5$ sek) und kürzeren ($< 0{,}5$ sek) unterscheiden. Für die längeren Zeiten werden vielfach *Weicheiseninstrumente* verwendet, die auch noch, wenn ihr Eisen nicht zu stark gesättigt ist, bei mäßigem Phasenanschnitt den Effektivwert anzeigen. Ausführung als Schleppzeigerinstrument ist günstig. Unter Umständen können *Hitzdrahtinstrumente*, Instrumente mit *Thermoumformer* und solche *elektrodynamischer* Bauart verwendet werden.

Bei der heutigen Widerstandsschweißtechnik liegen aber in den meisten Fällen die zu messenden Stromzeiten in dem Bereich unterhalb 0,5 sek. Aus diesem Grunde wird ein *Speichersystem* verwendet, das es gestattet, den Meßwert so lange festzuhalten, bis ein Anzeigeinstrument deutlich abgelesen werden konnte. Dies wird erreicht, wenn die Meßspannung über einen hochsperrenden Gleichrichter einen Kondensator auflädt, der die Gitterspannung für die Anzeigeröhre liefert. Die meßtechnische Anordnung und die zugehörigen Strom- bzw. Spannungsverläufe zeigt Abb. 112. Meßgeräte mit dieser Meßanordnung sind unter der Bezeichnung

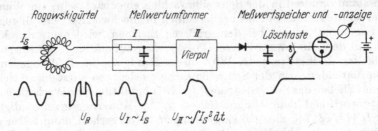

$$U_R \qquad U_I \sim I_S \qquad U_{I\!I} \sim \int I_S^2 \, dt$$

Abb. 112. Messen kurzzeitiger teilausgesteuerter Ströme

Impulsstrommesser (Abb. 113) im Handel. Zu beachten ist allerdings, daß sie den jeweilig höchsten Effektivwert messen, der während des Schweißvorganges auftritt, wobei dieser Wert über Zeiträume von je einer halben Periode gebildet wird.

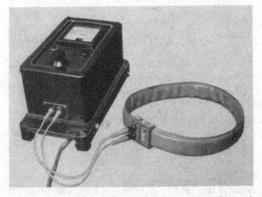

Außerdem ist zu beachten, daß solch ein Gerät nur für die vorgesehene Grundfrequenz verwendet werden darf.

Es sei hier noch darauf verwiesen, daß die teilausgesteuerten einphasigen Ströme mit Rücksicht auf den Effektivwert durch eine sinusähnliche Stromkurve ersetzt werden können. Bei einem Phasenwinkel bis zu 70° und einem Zündwinkel bis zu 130° übersteigt der Fehler 2,5% nicht, wenn man den exakten Wert mit dem Näherungswert des Effektivwertes vergleicht [15].

Abb. 113. Impulsstrommesser mit ROGOWSKI-Gürtel (Siemens)

In der Tab. 5 sind die heute bestgeeigneten Meßverfahren zusammengestellt [11]. Für eine elektrische Meßauswertung wird man immer, schon mit Rücksicht auf die im folgenden noch zu besprechenden Zeit- und Elektrodenkraft-Meßverfahren, die Oszillogrammauswertung bevorzugen.

Tabelle 5. *Messen von Schweißströmen*

Stromform	Stromzeit > 0,5 sek	Stromzeit < 0,5 sek
Sinus 50 Hz	Wandler primär oder sekundär mit Anzeigeinstrument	ROGOWSKI-Gürtel mit Schleppzeigerinstrument
	ROGOWSKI-Gürtel mit Gleichrichterinstrument	Impulsstrommesser
Teilausgesteuert 50 Hz	Wandler primär oder sekundär mit Effektivwertinstrument	Impulsstrommesser
	ROGOWSKI-Gürtel mit Integrierglied und Effektivwertinstrument	Oszillogrammauswertung
	Impulsstrommesser	
Dreiphasen-Gleichrichtung durch Frequenzwandlerschaltung	Wandler sekundär mit Effektivwertinstrument	Oszillogrammauswertung
	ROGOWSKI-Gürtel mit Integrierglied und Effektivwertinstrument	

29. Meßinstrumente. a) Kathodenstrahl-Oszillograph. Das Herz des Kathodenstrahl-Oszillographen ist die Braunsche Röhre, eine Elektronenstrahlröhre, in der ein von der Kathode ausgehender gebündelter Elektronenstrahl auf einen Leuchtschirm trifft und diesen zur Aussendung sichtbaren Lichtes anregt.

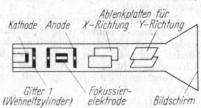

Zunächst treten die Elektronen diffus aus der Kathode aus (Abb. 114), passieren das für die Helligkeitssteuerung dienende Gitter *1*, werden zur Anode hin beschleunigt, im inhomogenen Feld der Fokussierelektrode gebündelt und gelangen über die Ablenkplatten zum fluoreszierenden Bildschirm. An das X-Plattenpaar wird eine im Gerät selbsterzeugte sägezahnförmige Ablenkspannung gelegt, deren Frequenz ein ganzzahliges Vielfaches der Frequenz der zu messenden Spannung sein muß, um bei periodischen Vorgängen ein stehendes Bild zu bekommen. Einen kleinen handlichen, tragbaren Oszillographen für laufende betriebliche Überwachungen und Störuntersuchungen zeigt Abb. 115.

Abb. 114. Schematische Darstellung einer Oszillographenröhre

Vorteil des Kathodenstrahl-Oszillographen: Gemessen wird leistungslos, d. h. bei der Spannungsmessung wird die Stromquelle nicht belastet. Infolge der sehr geringen Elektronenmasse erfolgt die Ablenkung bis zu sehr hohen Frequenzen trägheitsfrei.

b) Schleifen-Oszillograph. Beim Schleifen-Oszillographen wird ein gut gebündelter intensiver Lichtstrahl auf den Spiegel eines Meßwerkes, des sogenannten Schleifenschwingers, gelenkt (Abb. 116), der diesen Strahl reflektiert und auf ein lichtempfind-

Abb. 115. Kleiner tragbarer Service-Oszillograph (Philips) Bildröhrendurchmesser 7 cm

liches Papier wirft, das unter einer Spaltblende mit gleichförmiger, einstellbarer Geschwindigkeit vorbeibewegt wird. Für das Betrachten und Auswerten des Meßergebnisses muß das Registrierpapier ähnlich wie eine fotografische Platte entwickelt und fixiert werden.

Der Schleifenschwinger gleicht in seinem Aufbau einem Drehspulinstrument, er besitzt jedoch statt eines

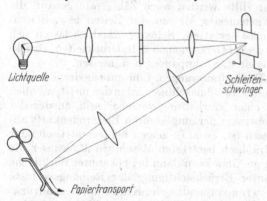

Abb. 116. Zur Erläuterung des Schleifen-Oszillographen

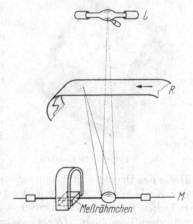

Abb. 117. Schema eines Lichtpunktlinienschreibers

Zeigers einen auf die Meßschleife aufgeklebten Spiegel. Das Meßsystem ist sehr trägheitsarm und befindet sich in einem Ölbad. Die höchste Eigenfrequenz in Luft liegt für neuzeitliche Schleifenschwinger bei 17 kHz (Grenzfrequenz 40% der Eigenfrequenz).

Vorteil: Mit dem Schleifen-Oszillographen können zeitlich länger andauernde Vorgänge fortlaufend registriert werden, außerdem durch Einsetzen mehrerer Meßschleifen mehrere Vorgänge gleichzeitig.

c) Lichtpunktlinienschreiber (Abb. 117). Die Quecksilber-Höchstdrucklampe *L* erzeugt einen annähernd punktförmigen Lichtbogen, der eine intensive ultraviolette Strahlung aussendet. Dieser Lichtstrahl gelangt auf den Hohlspiegel des Meßwerkes *M*, wird dort wieder gebündelt und auf das in Pfeilrichtung bewegte Registrierpapier *R* geworfen, wo sofort eine Schwärzung sichtbar wird. Auch hier können durch den Einsatz mehrerer Schwinger verschiedene Vorgänge gleichzeitig registriert werden; die höchste Eigenfrequenz der Schwinger in Luft liegt heute bei 570 Hz.

Vorteil: Das Meßergebnis kann sofort abgelesen und ausgewertet werden.

d) Schnellschreiber. Gemeinsam allen Schnellschreibern ist das elektrodynamische Meßwerk, das statt eines Zeigers einen Schreibgriffel bewegt. Alle Geräte schreiben bogenförmig, so daß das Meßergebnis etwas verzeichnet wird.

Das Registrierpapier kann einen Wachsüberzug, einen Farbüberzug oder eine aufgedampfte Metallschicht besitzen, die beim Schreibvorgang angeritzt oder durch Einwirken eines Gleichstromes eingebrannt wird. Da die Meßwerke auch die Schreibleistung aufbringen müssen, wird ihnen häufig ein elektronischer Verstärker vorgeschaltet.

Vorteile der Schnellschreiber: robuster Aufbau, einfache Bedienung und die Möglichkeit, das Ergebnis sofort auszuwerten.

30. Zeitmessungen. Bei einer oszillographischen Stromregistrierung erübrigt sich eine besondere Zeitmessung für die Stromzeit, da sie sich ohne weiteres aus dem *Oszillogramm* ergibt. Will man *betriebsmäßig* die Stromzeit überprüfen, z. B. die Zahl der Perioden, während denen der Schweißstrom fließt, so bedient man sich heute der sogenannten *Synchronuhren*. Sie zählen die Perioden, indem ein polarisiertes Relais geeignete Stromstöße erhält und hierdurch ein Zeiger um eine Skalenteilung weiterbewegt wird. Von diesen Uhren ist daher eine Genauigkeit von $\pm\ {}^{1}/_{2}$ Periode, d. h. bei unseren 50 Hz von $\pm\ {}^{1}/_{100}$ sek zu erwarten. Das prinzipielle Schaltbild einer solchen Uhr gibt Abb. 118 wieder und das zugehörige Gerät Abb. 119.

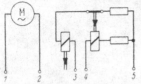

Abb. 118. Schaltschema einer Synchronuhr (AEG)
1···2 Anschluß für den Synchron-Motor; *3···5* Einschalten über Arbeitskontakt; *4···5* Ausschalten über Arbeitskontakt

In dem Abschnitt über die Steuerungen wurde schon näher auf die *Zählröhre* eingegangen. Mit ihrer Hilfe werden auch Zählgeräte gebaut, die ein genauestes Messen der Zeiten bzw. Stromimpulse gestatten. Selbstverständlich lassen sich mit diesen Geräten auch z. B. Druckzeiten, Druckruhezeiten, Strompausen u. a. messen.

31. Kraftmessungen. Eine gute moderne Widerstandsschweißmaschine wird in den meisten Fällen mit einer Einrichtung versehen sein, an der der Höchstwert der eingestellten Elektrodenkraft abzulesen ist. So z. B. zeigen bei pneumatisch oder hydraulisch betätigten Maschinen *Manometer* die

Abb. 119. Synchronuhr (AEG)

Höhe des Druckes im Arbeitszylinder an. Man kann dann bei bekannter Wirkfläche des Kolbens die Elektrodenkraft unter Berücksichtigung der Reibungsverluste zwischen Kolben und Zylinder sowie, wenn vorhanden, der Kräfte des Gegendruckzylinders berechnen. *Druckindikatoren* können bei Hydraulikmaschinen auch über den Druckverlauf Aufschluß geben. *Kontaktmanometer* können sicherstellen, daß der Schweißstrom erst bei einer gewünschten Höhe der Elektrodenkraft eingeschaltet wird. Die an den Elektroden tatsächlich wirkende Kraft kann mit *Druckbügeln* in handelsüblicher Ausführung gemessen werden, wobei die mechanische

Durchbiegung eines Stahlbügels auf eine Feinmeßuhr übertragen wird. Mit Hilfe einer Eichkurve kann dann die Elektrodenkraft ermittelt werden.

Über den Zeitpunkt des Beginnens der Kraftwirkung und ihren Verlauf in bezug auf den Schweißstrom sagen diese Einrichtungen in der Regel nichts aus. Dafür bedient man sich der *elektronischen Dehnungsmeßtechnik* mit induktiven Gebern und Dehnungsmeßstreifen.

Die induktiven *Geber* beruhen auf der Änderung der Induktivität einer eisengefüllten Spule bzw. eines Spulenpaares durch einen von der Meßgröße verstellten Anker, die Dehnungsmeßstreifen auf der Abhängigkeit des Widerstandes eines Leiters von seiner mechanischen Belastung. Der moderne *Meßstreifen* ist auf einer möglichst kleinen Fläche untergebracht. Die notwendige Drahtlänge ist mäander- oder zickzackförmig meist auf einen Papier- oder Kunststoffträger aufgeklebt, mit dessen Hilfe er auf die Meßstelle gekittet wird. An die Kitt- bzw. Klebeschicht ist die Bedingung der getreuen Übertragung der auftretenden Längenänderungen auf den Meßstreifen zu stellen. Hierzu müssen sie besitzen: Hysterese- und Kriechfreiheit, Unabhängigkeit von Temperatur- und Feuchtigkeitseinflüssen sowie gutes Haftvermögen und Isolationsfähigkeit. Als *Meßglied*, das ist der Geräteteil, der zwischen Geber und Anzeige- bzw. Registriervorrichtung liegt, kann je nach Geberart und Ausgangsleistungsbedarf ein Gleich- oder Wechselspannungsverstärker oder auch ein Trägerfrequenzgerät verwendet werden [*16*]. Die Streifen werden am besten an den Stellen des Schweißmaschinenkörpers angebracht, an denen mechanische Durchbiegungen, wenn auch sehr schwache, zu erwarten sind. Ein Einbaubeispiel ist schematisch in Abb. 120 und 121 wiedergegeben. Das Druckmeßelement Abb. 120 wurde viermal zwischen Stösselplatte und obere Spannplatte eingebaut (Abb. 121), wodurch eine direkte Messung des Verlaufes der Elektrodenkraft bei geeigneter Brückenschaltung der vier Meßelemente ermöglicht wird. Zu beachten ist bei all diesen Messungen, daß Meßelemente (Geber) und Meßleitungen bestens abgeschirmt sind, um Einstreuungen durch die sehr starken Felder der Schweißströme zu vermeiden.

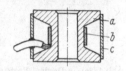

Abb. 120. Kraftmeßelement
a Meßkörper; *b* Dehnungsmeßstreifen; *c* Abschirmung

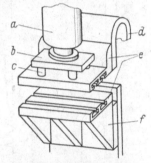

32. Gleichzeitiges Messen von Strom, Zeit und Kraft.

Um das Zusammenwirken der beiden Größen Strom und Kraft während des Schweißens zu bestimmen, kommen in erster Linie nur oszillographische Geräte, vornehmlich der Schleifen-Oszillograph, in Frage. In Abb. 122 ist solch ein Oszillogramm wiedergegeben; es zeigt den

Abb. 121. Einbauspiel für Kraftmeßelement (Abb. 120) an einer Buckelschweißmaschine
a Stößelführung; *b* Stößelplatte; *c* Kraftmeßelement; *d* Sekundärstromzuführung; *e* Spannplatten; *f* Maschinentisch

Verlauf der Elektrodenkraft und des Schweißstromes einer großen hydraulischen *Buckelschweißmaschine*. Zur Kraftmessung wurden Dehnungsmeßstreifen verwendet und der Strom wurde mit einem Rogowski-Gürtel gemessen. Beim Strom kann man den Anstieg und die Teilaussteuerung erkennen.

Beim *Abbrennstumpfschweißen* ist die Lage etwas anders, weil sich hier

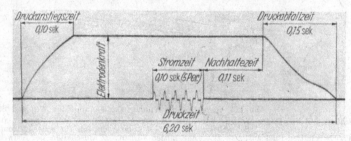

Abb. 122. Oszillogramm eines Schleifen-Oszillographen an einer Buckelschweißmaschine[1]

---

[1] Im Abschn. I. C (S. 19) wird der Unterschied von „Druck" und „Kraft" erläutert. Obiges Oszillogramm wird hier wiedergegeben, wie es im praktischen Betriebe aufgenommen wurde. Statt „Druck" müßte es darin eigentlich „Kraft" (s. Elektrodenkraft) heißen.

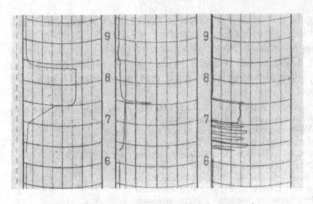

Abb. 123a···c. Original-Registrierstreifen einer Abbrennschweißung (AEG)
a) Schlittenweg; b) Kraft; c) Strom
Maßstäbe: Weg 1 mm = 0,7 mm; Kraft 1 mm = 300 kp;
Zeit 1 mm = 0,6 sek; Strom 1 mm = 1 kA

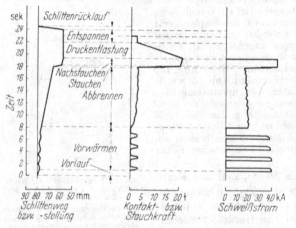

Abb. 124. Ausgewertetes Diagramm einer Abbrennschweißung mit Vorwärmen (AEG)

die Vorgänge über längere Zeiträume abspielen. Für wichtige Teile wird man anstreben, Strom, Schlittenweg und Kraft zu registrieren. Dazu sind Geber, Anpassungsübertrager und Schreibgeräte entwickelt worden (AEG). Die Geber werden in vielen Fällen bei größeren automatischen Maschinen fest eingebaut. Der Anpassungsübertrager ermöglicht die Einstellung des richtigen Meßbereiches.

Das Schreibgerät besitzt drei Meßsysteme, mit denen über der gemeinsamen Abzisse, der Zeit (als Papiervorschub), Schweißstrom, Stauchkraft und Schlittenweg aufgeschrieben werden können. Die Papiervorschubgeschwindigkeit beträgt in den kurzen Pausen zwischen den einzelnen Schweißungen 60 mm/h und schaltet sich, sobald eine neue Schweißung beginnt, auf 6000 mm/h um. Das Gerät schreibt tintenlos mit Wolframstiften auf metallisiertem Papier. Abb. 123 zeigt einen Original-Registrierstreifen und Abb. 124 ein ausgewertetes Diagramm einer Abbrennschweißung mit Vorwärmen.

Will man beim Abbrennschweißen sehr kurzzeitige

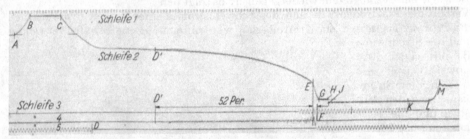

Abb. 125. Cu-Al-Rohrschweißung: Oszillogramm für Weg und Strom
Schleife 1 Zeitmaßstab; *Schleife 2* Schlittenweg; *Schleife 3* Stromspule, Magnetventil „Stauchen"; *Schleife 4* Schweißstrom; *Schleife 5* Kommandorelais für Schweißstrom
A··· B Schlitten-Rücklauf; *C··· D'··· E* Schlitten-Vorlauf; *D* Einschalten des Schweißstromes; *D'* Beginn des Abbrennvorganges; *E···G* erstes Stauchen; *H···J* zweites Stauchen; *F* Abschalten des Schweißstromes; *K* Abschalten der Stauchkraft und Lösen der Spannbacken; *L···M* Schlitten-Rücklauf

Vorgänge in der Größenordnung von mehreren Wechselstromperioden registrieren, so muß man auch hier zum Schleifen-Oszillographen greifen. Abb. 125 zeigt z. B. ein Oszillogramm einer Cu-Al-Rohrschweißung.

II. Praktische Durchführung des Widerstandsschweißens

A. Punktschweißen

33. Aufbau der Punktschweißmaschine. Abb. 126 zeigt schematisch den Aufbau einer preßluftbetriebenen Punktschweißmaschine. Die Elektroden müssen durch Wasser gekühlt werden. Meistens werden auch die Sekundäre und die Elektrodenarme gekühlt. Es ist ratsam, das Kühlwasser in mehreren parallelen Kreisen durch die Maschine zu schicken, da es bei hintereinander durchflossenen Kühlstellen an der letzten Stelle schon zu heiß sein kann. Außerdem ist ein sichtbarer Abfluß zweckmäßig und ein Schutzschalter, der bei zu heiß werdendem Wasser oder Maschinenteilen oder bei unzulässig niedrigem Wasserdruck die Primärspannung abschaltet. Die Maschine Abb. 127 entspricht als Beispiel der Beschreibung zu Abb. 126. Ihre größte Elektrodenkraft beträgt 600 kp bei 5 atü Preßluft.

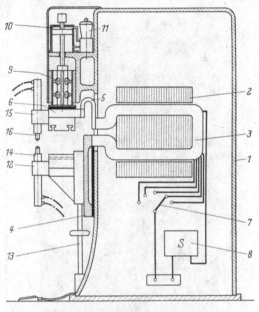

Abb. 126. Schematischer Aufbau einer preßluftbetätigten Punktschweißmaschine

Im Maschinenrahmen *1* ist der Transformator *2* aufgehängt. Der untere Pol der Sekundäre *3* ist fest mit der Stirnplatte *4* verschraubt, der obere Pol mit dem biegsamen Leiter *5*, der den Strom zur Aufnahme *6* des Elektrodenarmes führt. Durch den Stufenschalter *7* wird die passende Anzahl Primärwindungen und damit die gewünschte Sekundärspannung und Schweißstromstärke gewählt. Der Strom wird auf der Primärseite durch einen Schalter *8* geschlossen, der durch einen Zeitgeber gesteuert wird. Auf der Sekundärseite ist der obere Elektrodenträger *6* isoliert mit dem Stössel *9* verschraubt, der möglichst reibungsarm in Kugeln oder Rollen im Maschinenrahmen geführt ist. Er erhält seine Bewegung vom Luftzylinder *10*, dem die Preßluft durch das Magnetventil *11* zugeführt wird. An der Stirnplatte *4* ist der Unterarm *12* verschraubt. Bei schwereren Maschinen ist sein Auf- und Niederverstellen durch eine Handschraube *13* erleichtert. Die Elektrodenhalter *14* sind im Unterarm *12* und Oberarm *15* festgeklemmt und tragen die Elektrodenspitzen *16*.

34. Stromanschluß. Für den Betrieb der Punktschweißmaschinen und aller anderen Widerstandsschweißmaschinen ist Einphasenwechselstrom erforderlich. Das übliche Drehstromnetz mit drei Phasen und einem Nulleiter führt zwischen je zwei Hauptleitern eine Phasenspannung von 380 V und zwischen je einem Hauptleiter und dem Nulleiter eine Phasenspannung von 220 V. Lichtnetze und kleine einphasige Wechselstromgeräte werden stets zwischen einem Haupt- und dem Nullleiter mit 220 V betrieben. In kräftigen Netzen können auch kleinere Punktschweißmaschinen zwischen Phase und Nulleiter auf 220 V geschaltet werden. Dabei ist zu beachten, daß alle Lichtleitungen an die anderen beiden Hauptleiter gelegt werden, da die kurzen Stromstöße der Punktschweißmaschine sonst Lichtflackern verursachen können (Abb. 128, Beispiel 1). In den meisten Fällen ist es vorzuziehen, die Widerstandsschweißmaschinen an zwei Hauptleiter zu legen und mit 380 V zu betreiben. Enthält die Maschine Hilfsgeräte, Schütze, Kontrollampen, Magnete usw., so sind diese zwischen einen Haupt- und den Nulleiter gelegt und arbeiten mit 220 V Betriebsspannung oder über einen kleinen Vorumspanner mit 42 oder 24 V. Mehrere Maschinen an einem Netz werden gleichmäßig auf die drei Phasen verteilt (Beispiel 2). In kleineren Netzen ist die einphasige Belastung oft nicht zulässig. In diesem Fall wird zwischen die Schweißmaschine und das Netz ein Dreiphasen-Umspanner gelegt, der sekundärseitig Einphasenwechselstrom abgibt und die aufgenommene Leistung primärseitig im Verhältnis 1 : 2 : 1 auf die drei Phasen des Drehstromnetzes verteilt (Beispiel 3). Die Übertragung der stoßweisen Belastung auf das Netz kann auch der Umspanner nicht verhindern. Sollen Spannungsschwankungen durch die Belastungsstöße der Punktschweißmaschine im Licht- und Kraftnetz ganz

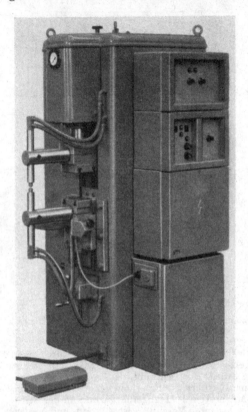

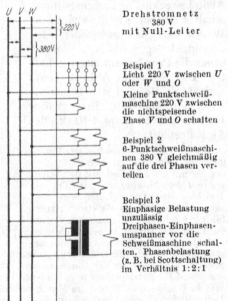

Abb. 127. Punktschweißmaschine mit 40/120 kVA
(Siemens)

Abb. 128. Anschluß der Schweißmaschinen

vermieden werden, so müssen die Schweißmaschinen über einen eigenen Umspanner unmittelbar an das Hochspannungsnetz gelegt werden. Bei größeren Schweißanlagen mit vielen Maschinen ist es dann zweckmäßig, eine gesonderte Kraftleitung mit 500 V vorzusehen. Erhebliche Ersparnisse können so an allen Schaltgeräten und Leitungen, ganz besonders aber an den Schaltgefäßen für die Schweißmaschinen erzielt werden, da kleinere Ströme zu übertragen sind.

In allen Fällen muß die auf dem Leistungsschild der Schweißmaschine vermerkte Spannung mit der Netzspannung übereinstimmen. Außerdem muß das Maschinengestell über die Erdungsschraube „E" mit leitenden Teilen des Gebäudes oder mit dem Nulleiter verbunden werden. Bei Maschinen mit 380 V Betriebsspannung wird das Erden des Maschinengestelles dadurch erzwungen, daß die Hilfsgeräte oder ihr Vorumspanner mit 220 V zwischen einer Phase und dem Maschinengestell als Nulleiter arbeiten. Die besondere Beachtung, die die Erdung beim Doppelpunktschweißen finden muß, wurde schon bei den Transformatoren aus Schnittbandkernen (Abschn. 9a) erwähnt.

Bei der Bemessung der Anschlußleitungen rechnet man bei Punktschweißmaschinen im allgemeinen mit einer rel. Einschaltdauer von 0,1 (Leichtmetalle) bis 0,5 (dicke Eisenbleche). Mit Rücksicht auf die Spitzenleistung müssen aber diese Maschinen mit trägen Schmelzsicherungen oder stark verzögerten Automaten gesichert werden, die auf kurzzeitige Überlastungen nicht ansprechen. Bei Stumpf- und besonders bei Nahtschweißmaschinen kann die rel. Einschaltdauer dem Wert 1, d. h. der Dauereinschaltung nahe kommen. In allen Fällen müssen die Zuleitungen mindestens für den zulässigen Dauerstrom der Maschine bemessen sein. Meist zwingt jedoch die Berücksichtigung des Spannungsabfalles bei der Spitzenleistung zu stärkerer Bemessung. Einen Anhalt für das Bemessen der Zuleitungen und Sicherungen gibt Tab. 6. Bei größeren Anlagen mit vielen Widerstandsschweiß-

Tabelle 6. *Querschnitte in Rohr verlegter isolierter Leitungen und Sicherungen für verschiedene Dauerleistungen und Anschlußspannungen der Schweißmaschinen*

Spannung			Dauerleistung der Maschine in kVA						
			3,5	6,5	12,5	25	50	100	200
220 V	Cu-Leitung	mm²	4	10	16	50	150	—	—
	Al-Leitung	mm²	6	16	25	70	185	—	—
	Sicherung (träge)....	A	20	35	60	125	260	—	—
380 V	Cu-Leitung	mm²	1,5	4	10	25	70	185	500
	Al-Leitung	mm²	2,5	6	16	35	95	240	—
	Sicherung (träge)....	A	10	20	35	80	160	300	600
500 V	Cu-Leitung	mm²	1,5	2,5	6	16	50	120	300
	Al-Leitung	mm²	2,5	4	10	25	70	150	400
	Sicherung (träge)....	A	10	15	25	60	125	225	430

Nur Richtwerte! Bei Berechnung ist ein Spannungsabfall von höchstens 5% an den Maschinenklemmen bei der Höchstleistung der Maschine zu berücksichtigen.

maschinen ist eine Verbesserung des Leistungsfaktors durch Parallelschalten mit Kondensatoren zu empfehlen. Sofern es der Spannungsabfall zuläßt, kann an Leitungskupfer gespart werden, wenn man an Stelle eines starken Kabels mehrere dünne Kabel parallel legt.

35. Einstellen der Maschine. Ist die Maschine richtig angeschlossen, werden zunächst die Elektroden so befestigt, daß man das Werkstück einführen, die Elektroden schließen und bei fußbetätigten Maschinen darüber hinaus die Druckfeder um einen gewissen Betrag zusammenpressen kann. Danach wird bei Maschinen ohne kraftabhängige Einschaltung der Hauptschalter so eingestellt, daß der Schweißstrom erst nach Erreichen der gewünschten Elektrodenkraft eingeschaltet wird. Bei luft- oder ölbetätigten Maschinen wird der Druckschalter auf den Druck eingestellt, bei dem die gewünschte Elektrodenkraft entsteht.

Richtwerte hierfür können den Tab. 7 ··· 10 entnommen werden. In Tab. 7 sind Werte für die Stromzeit, den Strom und die Elektrodenkraft bis zu 2 mm Einzelblechdicken angegeben. Ferner ist der erzielbare Punktdurchmesser genannt.

Für jede Blechdicke sind 2 Zahlenreihen angegeben. Die jeweilige obere Reihe bezieht sich auf die Schweißmöglichkeit mit einer guten Punktschweißmaschine. Soweit man eine stärkere Maschine zur Verfügung hat, kann man auch mit höheren Elektrodenkräften und zwangsläufig höheren Strömen arbeiten, die bei sinngemäß angewandten größeren Elektrodendurchmessern auch größere Schweißpunktdurchmesser ergeben [24]. Als Richtwert für die günstigste Elektrodenkraft können 10 kp/mm² gelten. Aus der Tabelle ersieht man, daß ein sehr breiter Bereich zur

Erzielung einer guten Punktschweißung zur Verfügung steht. Um die wiederholte Umrechnung von Druck auf Elektrodenkraft zu vermeiden, ist es zweckmäßig, die Druck-Kraftlinie entsprechend der wirksamen Kolbenfläche für jede Maschine zu zeichnen und nahe dem Druckschalter an der Maschine anzubringen. Vor dem Arbeitsbeginn wird das Kühlwasser angestellt, das nacheinander oder möglichst in parallelen Gruppen alle Kühlstellen durchfließt.

Tabelle 7. *Richtwerte zum Punktschweißen von blanken Stahlblechen (bis max. 0,3% C)*

Einzel-Blechdicke mm	Strom-zeit Per.	Sekundär-Schweißstrom A	Elektroden-kraft kp	Schweißpunkt-durchmesser mm	Scher-widerstand kp	Mindest-Punktabstand mm
0,5	4	6500	90	3,5	180	8
—	4	12000	300	5	400	—
0,75	6	8500	170	4,5	280	10
—	6	16000	500	6,5	650	—
1,0	8	9500	220	5,5	400	12
—	8	19000	650	8	1000	—
1,5	12	11000	340	6,5	850	15
—	12	21500	800	11	1800	—
2,0	15	13000	450	8	1200	18
—	16	26000	1300	14	2600	—

Tabelle 8. *Richtwerte beim Punktschweißen von nichtrostendem Stahl*

Einzel-Blechdicke mm	Strom-zeit Per.	Sekundär-Schweißstrom A	Elektroden-kraft kp	Schweißpunkt-durchmesser mm	Scher-widerstand kp	Mindest-Punktabstand mm
0,5	3	4000	180	2,5	200	8
0,75	4	5500	290	3,2	350	10
1,0	5	7000	400	4,0	550	12
1,5	8	10000	670	5,5	1000	15
2,0	11	12000	860	6,5	1500	20
2,5	14	14000	1000	7,2	1900	25
3,0	16	17000	1400	7,5	2600	30

Tabelle 9. *Richtwerte zum Punktschweißen von Aluminium und Aluminiumlegierungen auf einphasiger Schweißmaschine*

Einzel-Blechdicke mm	Strom-zeit Per.	Sekundär-Schweißstrom A	Elektroden-kraft kp	Schweißpunkt-durchmesser mm	Scher-widerstand kp
0,5	4	20000	180	9,0	50
0,75	6	24000	210	10,0	80
1,0	7	28000	250	12,0	120
1,5	8	33000	290	13,0	200
2,0	8	40000	350	15,0	300
2,5	11	50000	450	17,0	350
3,0	12	65000	600	19,0	440

Tabelle 10. *Richtwerte zum Punktschweißen von Aluminium und Aluminiumlegierungen auf dreiphasiger Schweißmaschine mit Zeit-, Strom- und Druckprogramm*

Einzel-Blechdicke mm	Schweißzeit Stromzeit Per.	Schweißzeit Nachpressen Per.	Schweiß-strom A	Nachwärm-strom A	Elektroden-kraft kp	Nachpreß-kraft kp
0,5	1	—	30000	—	250	—
0,75	1	2	35000	7000	280	600
1,0	1	3	40000	11000	325	850
1,5	2	4	52000	16000	550	1250
2,0	3	5	65000	24000	850	1825
2,5	3	7	80000	32000	1225	2650
3,0	4	8	95000	42000	1600	3600

Bei kleinen, fußbetätigten Maschinen und wo noch keine Richtwerte vorliegen, wird jede Schweißung mit mittlerer Elektrodenkraft und niedriger Schweißstromstufe begonnen. Verschweißen die Teile noch nicht oder ist der Punkt zu klein, so wird der Schweißstrom erhöht. Bleibt die Oberfläche des Werkstückes ganz glatt, so kann die Elektrodenkraft vermindert werden, während sie beim Auftreten von Spritzern an der Oberfläche zu erhöhen ist. Mit der Erhöhung des Schweißstromes wird die Stromzeit vermindert, damit der Punkt mit möglichst wenig Verlustwärme geschweißt wird. Funkenerscheinungen oder Sprühen an der Blechoberfläche zeigt das Erreichen oder Überschreiten der höchstzulässigen Stromdichte an. Ist für ein bestimmtes Werkstück die Besteinstellung der Maschine gefunden, so werden Federvorspannung, Luft- oder Öldruck, Schweißstromstufe, Stromzeit und Elektrodenabstand auf der Arbeitskarte für das betreffende Werkstück vermerkt (Abb. 129). Einen Anhalt beim Einstellen geben die Tab. 7···10. Wegen des verschiedenen Verhaltens der Maschinen, Werkstücke und Werkstoffe sind jedoch diese, wie alle zahlenmäßigen Angaben über Punktschweißungen, mit großer Vorsicht anzuwenden. Es ist zwar etwas mühevoller, führt aber sicherer zum Erfolg, wenn man sich auch beim Einstellen der Maschinen immer wieder die

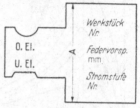

Abb. 129. Einstellehre für Punktschweißung
O. El. Spitzenform der Oberelektrode; U. El. Spitzenform der Unterelektrode; A Elektrodenabstand

Zusammenhänge und die gegenseitige Beeinflussung der verschiedenen Größen klarmacht, die noch einmal kurz in Abb. 130 zusammengefaßt sind. Die Punkt-

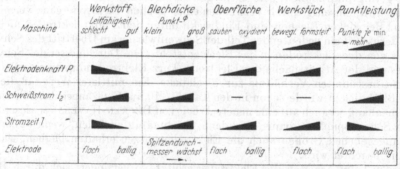

Abb. 130. Einfluß der verschiedenen Größen beim Punktschweißen

schweißungen können bisher leider nur durch Zerstören geprüft werden. Da eine laufende Prüfung der Punkte selbst nicht möglich ist, kann ein gleichmäßiger Ausfall der Schweißungen nur durch sorgfältiges Gleichhalten aller Einflußgrößen der Maschine und des Werkstückes erreicht werden.

36. Schweißpunkt und Elektroden. Der Temperaturanstieg in und um den Schweißpunkt entsteht durch das Überwiegen der Wärmeentwicklung über die Wärmeableitung. Infolge der kurzen Erwärmzeit ist der Ausgleich der Temperatur im Butzen unvollständig. Daher entsteht an der Stelle des höchsten Widerstandes und der geringsten Wärmeableitung, zwischen den Blechen, die höchste Temperatur. (Über die Größenordnungen der Widerstände s. [5]). Am wirtschaftlichsten wäre die Punktschweißung, wenn an der Berührungsstelle der Bleche nur eine ganz dünne Haut auf Schweißtemperatur gebracht werden könnte. Bestenfalls erreicht man jedoch bei ganz kurzen Stromzeiten eine Schweißlinse:[1] Mit dem Verlängern

---

[1] Dies hat bei extrem kurzen Stromzeiten nicht unbedingt Gültigkeit.

der Schweißzeit nähert sich dieses erhitzte Gebiet etwa einem Doppelkegel, so daß man für wärmetechnische Betrachtungen ohne weiteres einen von den beiden Elektrodenflächen begrenzten Zylinder als Schweißbutzen annehmen kann. Jede außerhalb dieses Butzens entstehende Temperaturerhöhung ist für die Schweißung unnötig und gilt als Verlust. Den steilsten Temperaturanstieg und Abfall erleidet natürlich der Butzen selbst (Abb. 131). Seine Umgebung wird mit zunehmendem Ab-

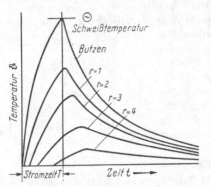

Abb. 131. Temperaturverlauf im Schweißbutzen und in verschiedenen Abständen r von Butzenmitte im Blech

stand immer langsamer erwärmt und abgekühlt. Manche Gefügeumwandlungen, z. B. Aushärtungen, entstehen daher oft erst außerhalb des Schweißpunkts, weil im Innern des Butzens die einzelnen Umwandlungstemperaturen zu schnell durchlaufen werden und erst in einigem Abstand vom Butzen die Temperatur lange genug in einem Umwandlungsgebiet bleibt, das die Kristallumbildung ermöglicht. Da also die Temperatur des Schweißpunktes von seiner Wärmebilanz abhängt, müssen nicht nur die Wärmeentwicklung (Strom, Widerstand, Druck, Zeit), sondern auch die Verhältnisse für die Wärmeableitung (Elektrodenflächen und -kühlung, Überlappung, Abstand vom Blechrand) von Punkt zu Punkt gleichgehalten werden. Bei dünnen Blechen sind die Eindrücke der Elektroden gering und können, sofern ein glattes Aussehen der Werkstückaußenseite erstrebt wird, einseitig durch Verwenden einer flachen Elektrode ganz vermieden werden. Bei dicken Blechen sind Eindrücke unter den Punktelektroden nicht zu verhindern, weil ein bedeutender Teil der Schweißwärme am Übertritt des Schweißstromes von den Elektroden in das Blech entsteht. Die Durchmesser des Schweißpunktes und der Arbeitsfläche der Elektrode (kurz Elektrodendurchmesser) stehen in einem bestimmten Verhältnis zur Blechdicke. Ein mittlerer Wert für die einzelnen Blechdicken wurde schon in den Tab. 7···10 auf S. 66 angegeben. In diesem Zusammenhang sei auch auf eine neuere Arbeit von BECKEN-HAVERS verwiesen [24].

Die Schweißpunkte können nur dann gleichmäßig ausfallen, wenn außer den schon angegebenen Größen auch die Elektrodenspitzen erhalten bleiben, was oft zu wenig beachtet wird.

Werden beim Arbeiten die Elektroden erhitzt, so verringert sich durch Breitquetschen der Berührungsflächen die Stromdichte und die Wärmeentwicklung im Werkstück, und die Schweißung wird trotz bester Einstellung und Steuerung der Maschine fehlerhaft. Der richtigen Gestaltung und Pflege der Elektroden ist daher größte Aufmerksamkeit zu widmen.

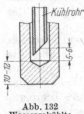

Abb. 132
Wassergekühlte
Elektrode

Die Elektrodenspitzen werden im allgemeinen aus Kupfer gefertigt und durch Gewinde oder Kegel in dem Elektrodenhalter befestigt. Von den technischen Stoffen hat Elektrolytkupfer die beste elektrische und Wärmeleitfähigkeit, ist aber als Elektrodenwerkstoff sehr weich. Durch kaltes Hämmern können die Arbeitsflächen der Elektroden verdichtet und gehärtet werden, behalten jedoch diese Verfestigung nur, wenn die Spitze gut gekühlt wird. In der Elektrode muß daher das Wasser gegen die Innenseite der Elektrodenarbeitsfläche gespritzt werden und zwischen Arbeitsfläche und Kühlwasser höchstens 10 mm Kupfer verbleiben (Abb. 132). Bei kurzen Steckelektroden und Hakenelektroden bereitet die Kühlung oft Schwierigkeiten, ist aber für den gleichmäßigen Ausfall der Schweißungen unerläßlich. Für hochbeanspruchte Elektroden gibt es heute Werkstoffe, die auch bei höheren Temperaturen ihre große Festigkeit und Härte behalten. Bei hohen Ansprüchen an die Leitfähigkeit werden diese Stoffe vorwiegend aus Kupfer-Silber- und -Cadmium-Legierungen, bei höheren Forderungen aus Kupfer-Wolfram-Legierungen oder Sinterungen hergestellt. Im allgemeinen ist die Leitfähigkeit dieser Stoffe um so

Tabelle 11. *Elektrodenwerkstoffe*

Werkstoff	Haupt-bestand-teile	Spezifischer elektrischer Widerstand bei 20 °C Ohm/mm²	Spezifisches Gewicht	Härte HB 10/2,5 kp/mm² bei 25 °C	nach halbstündigem Glühen bei 500 °C	besonders geeignet für
Elektrolytkupfer Din 1726 E-Cu F 25	Cu	1/57	8,9	70	53	alle Schweißgn. besonders Leichtmet.
Wirbalit Elbrodur 5 Kupfer-Chrom-	Cu-Cr	1/45	8,9	143	131	Punkt-,
Legierung	Cu-Cr	1/48	8,9	140	130	Naht-,
Sigmadur HV	Cu-Cr	1/49	8,9	151	149	Form-
Elmedur	Cu-Cr	1/50	8,9	155	143	Elektroden
Mallory 3	Cu-Cr	1/49	8,9	121	115	
Mallory 100	Cu-Cr-Co-Be	1/29	9,32	202	198	
Elmet X Elemet X 49	Cu-Mo-Be-Mg	1/14	8,0	292	197	Buckel-schweißen,
Molybdän reinst	Mo	1/18	10,3	105	105	Warm-nieten
Kupfer-Wolfram-Legierung	W-Cu	1/11,2	15,5	204	197	
Wolfram	W	1/18,9	19,1	280		Kupfer-schweißen

schlechter, je besser ihre Festigkeitseigenschaften werden (Tab. 11). Aus den Legierungen mit vorwiegendem Kupfergehalt werden die Elektrodenspitzen im ganzen gefertigt. Von den wertvolleren Legierungen werden Scheiben, Stifte oder Kappen in die Kupferspitze eingesetzt. Die Wolframsinterungen werden mit Kupfer umgossen und als Kegel in die Spitze eingelassen. Beste Kühlung ist auch für diese Elektrodenwerkstoffe unerläßlich. Für das Schweißen von Leichtmetallen haben sich bisher kaltverdichtete Elektrolytkupfer-Elektroden am besten bewährt.

Die Arbeitsfläche der Elektrode wird für leicht schweißbare blanke Bleche meist flach, für oxydierte Bleche und Leichtmetalle im allgemeinen ballig gemacht (Abb. 133 u. 134). Die Berührungsfläche der balligen Elektroden verursacht vor dem Schweißen eine hohe Flächenpressung, durch die die Oxydschicht zerstört und der Durchfluß des Schweißstromes ermöglicht wird. Mit dem Erweichen des Werkstoffes sinken die Elektroden ein, ihre Berührungsflächen vergrößern sich und vermindern schnell den Schweißdruck und die Stromdichte.

Gleiche Stromdichte in jedem Schweißpunkt setzt ferner voraus, daß nicht ein Teil des Stromes durch einen Nebenschluß den Schweißpunkt umgehen kann. Solche vermeidbaren Nebenschlüsse entstehen durch falsch gestaltete Haltevorrichtungen, durch Formsteifigkeit der Werkstücke oder durch Zunderschichten am Schweißpunkt und sind durch Funkenbildung oder Wärmeentwicklung außerhalb der Schweißstelle erkennbar. Nicht zu vermeiden ist der Nebenschluß durch schon geschweißte Nachbarpunkte, dessen Einfluß mit der Blechdicke und der Leitfähigkeit des Werkstoffes anwächst. Es empfiehlt sich daher, zwischen den Punkten einen Mindestabstand zu halten (Tab. 7 u. 8).

Eine stumpfkegelige Elektrodenspitze bietet die beste Möglichkeit, die in der Arbeitsfläche entstehende Wärme abzuleiten. Diese Spitzenform gibt daher der Elektrode die vergleichsweise höchste Lebensdauer. Oft verlangt jedoch das Werkstück oder der Werkstoff andere Spitzenformen, von denen einige in den Abb. 135 und 136 gezeigt sind.

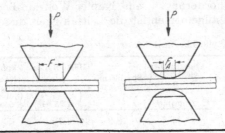

Abbildung	133	134
Arbeitsfläche	flach	ballig
Schweißstrom und Stromdichte	gleichbleibend	anfänglich erhöht, dann schnell absinkend
Arbeitsgebiet	leicht schweißbare Stoffe: insbesondere blankes Stahlblech sowie NE-Metalle mit blanker Oberfläche	oxydierte Stahlbleche, Gut leitende Metalle mit Oxydhäuten, z. B. Zink, Aluminium, Magnesium

Abb. 133 u. 134. Änderung des Schweißdruckes und der Stromdichte während der Stromzeit durch die Form der Elektroden-Arbeitsfläche

Nicht nur die Form der Arbeitsfläche selbst, sondern die ganze auswechselbare Punktelektrode muß oft dem Werkstück angepaßt werden. So gibt es bereits im Handel neben den geraden auch gewinkelte und gekröpfte Elektroden,

kegelig   zylindrisch   versetzt   ausgespart   flach   gewölbt   halbrund

Abb. 135. Typische Formen von Elektrodenspitzen

Abb. 136. Typische Formen von Arbeitsflächen

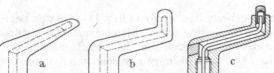

Abb. 137a···c. Sonderformen der Elektrodenspitzen
a) Winkel; b) gekröpft; c) gekröpft mit Schraubanschluß, auswechselbarer Spitze und Wasserkühlrohr

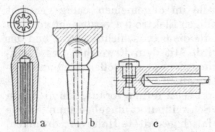

Abb. 138a···c. Einige amerikanische auswechselbare Spitzen
a) Bohrung mit Kühlrippen (Mallory); b) selbstschwenkende Flachelektrode auf Kugelkopf; c) kleine indirekt gekühlte Spitze, durch Inbusschraube gehalten

(Abb. 137 u. 138) in verschiedenen Ausführungen. Bei allen nicht geraden Punktelektroden ist es immer schwierig, das Kühlwasser nahe an die Arbeitsfläche heranzubringen. Oft müssen Aufsteckröhrchen oder -schläuche benutzt werden, um die Spitze wirkungsvoll zu kühlen. Ist sie aber schlecht gekühlt, dann sinkt die Lebensdauer dieser Punktelektroden auf ein wirtschaftlich untragbares Maß herab. Eine gute Lösung zur besseren Kühlung der Elektroden zeigt Abb. 138a, wo die wirksame kühlende Oberfläche durch Rippen vergrößert wurde. Man sollte daher alles versuchen, um die Elektrode so zu gestalten, daß man die genormten Spitzen verwenden kann und alle besondere Anpassung in den Elektrodenhalter verlegt. Je kleiner und einfacher die auswechselbare sich abnutzende

Spitze ausgeführt werden kann — stets natürlich wirkungsvolle Kühlung vorausgesetzt —, desto niedriger werden die laufenden Kosten für Elektroden.

Abb. 139 zeigt eine Auswahl von *Elektrodenspitzen* mit ihren Hauptabmessungen. Die Abmessungen stimmen im wesentlichen mit der deutschen Normvorlage A 25 DIN 44750-I und dem ISO-Vorschlag vom Oktober 1959 überein.

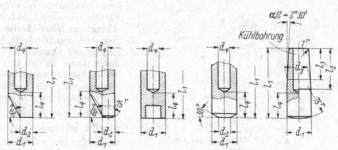

Elektrodenspitzen mit *Morsekegel* klemmen sich oft sehr fest in den Elektrodenhalter. Sie werden manchmal mit Schlüsselflächen versehen. Womöglich sollte der Aufnahmekegel in der Bohrung fortgesetzt werden, damit die Elektrodenspitze mit Hilfe eines Dornes (Abb. 140a) aus ihrem Kegelsitz getrieben werden kann. Für

Abb. 139. Hauptabmessungen von Elektrodenspitzen

d_1	d_2	d_3	d_4	l_1	l_2 $\approx$	l_3	l_4 max.	Elektr.-Kraft kp max.
13	6	12,7	8	38	19,5	16	15	420
16	8	15,5	9	45	25,7	20	16	640
20	10	19,0	11	54	36,5	25	17	1000
25	13	24,5	14	65	37,2	31,5	18	1500
32	16	31,0	17	80	51'5	40	20	1500

Nach der neuesten ISO Empfehlung (während der Drucklegung) wird der Winkel $\alpha/2$ als Kegel 1:10 angegeben

Stiftelektroden ist eine Ausstoßvorrichtung weit verbreitet, bei der die Elektrode durch einen Schlag auf das Kühlwasserschloß (Abb. 140b u. c) aus ihrem Sitz getrieben wird.

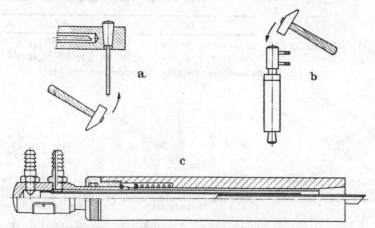

Abb. 140a···c. Das Ausstoßen von kegeligen Elektrodenspitzen
a) mit Dorn und Hammer; b) und c) Mallory-Ausstoßhalter

Bei großen Vielpunktschweißmaschinen führen sich immer mehr die sogenannten *Elektrodenkappen* ein, von denen einige in Abb. 141 wiedergegeben sind. Sie werden auf die zugehörigen Schäfte, wie sie Abb. 142 zeigt, mit ihrem Kegel aufgesetzt und können bei Unbrauchbarkeit ausgewechselt werden. Diese Kappen stellen ein Minimum an Aufwand von Elektrodenwerkstoff dar. Sie werden von den Herstellern kalt geschlagen und sind dadurch in hohem Maße verfestigt.

Der laufenden *Überwachung und Prüfung* der Güte der Schweißungen wird noch viel zu wenig Aufmerksamkeit gewidmet. Der geübte Schweißer kann schon nach dem Aussehen der Schweißpunkte und des Werkstückes viel über die Gleichmäßigkeit der Arbeit aussagen.

Zeigen sich z. B. bei einer Punktschweißung Eindrücke von verschiedener Tiefe (Abb. 143), so ist anzunehmen, daß Stromzeit oder Druck nicht konstant sind. Rauhe Oberfläche oder Spritzer am Schweißpunkt (Abb. 144) deuten auf eine verbrannte oder unsaubere Arbeitsfläche der Elektrodenspitze, auf zu geringen Druck oder schmutzige Blechoberfläche hin. Zeigen sich Spritzer zwischen den Blechen (Abb. 145), ist Schmutz oder zu geringer Druck schuld. Ungenügender Schweißdruck kann selbst bei hoher Elektrodenkraft am Schweißpunkt herrschen, wenn Bleche „hohl" zusammengefügt sind oder wenn ihre freie Beweglichkeit zueinander durch Vorrichtungen behindert wird.

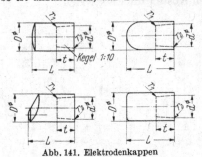

Abb. 141. Elektrodenkappen

L	t	D	d	r_1	r_2
18	$8^{+0,3}$	12,5	$10^{(\pm 0,05)}$	0,5	0,2
20	$9,5^{+0,5}$	16	$12^{(\pm 0,05)}$	0,5	0,2

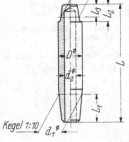

Eine zuverlässige *Prüfung der Schweißpunkte* ist jedoch nur durch ihre *Zerstörung* möglich. Zum Prüfen einzelner Punkte können die Versuchsstücke um den Punkt herum verdreht werden. Der Grad der Verdrehung bis zum Bruch gibt einen Anhalt über die Scherfestigkeit des Punktes. Besser ist der Zugversuch: Durch das entstehende Moment wird beim Zugversuch der Schweißpunkt auf zusammengesetzte Scher- und Biegefestigkeit geprüft. Die zuverlässigsten Prüfergebnisse bei einfachen Werkstattversuchen erhält man durch das Aufreißen von Streifen, auf denen eine Reihe von Punkten in gleichmäßigen

L	L_1	L_2	L_3	D	d	d_1	d_2
33,5···103,5	15	9	$6,5^{-0,3}$	12,5	$10^{(\pm 0,05)}$	$12^{(\pm 0,05)}$	6,5
36···116	18	11	$8^{-0,3}$	16	$12^{(\pm 0,05)}$	$15,75^{(\pm 0,05)}$	8

Abb. 142. Schaftabmessungen für Elektrodenkappen nach Abb. 141

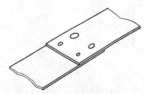

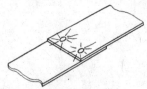

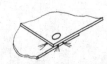

Abb. 143. Ungleicher Durchmesser der Eindruckstellen: Stromzeit oder Elektrodenkraft nicht gleichbleibend

Abb. 144. Rauhe Oberfläche oder Spritzer: Schlechte Elektrode, schmutziges Blech oder ungenügende Elektrodenkraft

Abb. 145. Spritzer zwischen den Blechen: Schmutz oder ungenügender Schweißdruck zwischen den Blechen; Formsteifigkeit

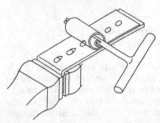

Abb. 146. Oberblech wird durch Aufrollen vom Unterblech abgerissen: Punkte sollen gleich groß sein

Abständen, ähnlich wie am wirklichen Werkstück, geschweißt wurde. Dieses Aufreißen kann mit einem einfachen Werkzeug, ähnlich wie es zum Öffnen des Lötstreifens an Dosen benutzt wird, erleichtert werden (Abb. 146). Bei guten Schweißungen sollen nach dem Aufreißen alle Punkte gleichmäßig groß aus dem abgezogenen Blech herausgerissen sein. Bei den meisten weichen Stählen zeigt sich am Butzen ein keilförmiger Zipfel. Bei legierten Stählen, Leichtmetallen und sehr kurzen Stromzeiten reißt meist ein halblinsenförmiger Butzen aus dem abgerollten Blech, ohne zur Oberfläche durchzubrechen.

Werden höchste Ansprüche an die Festigkeit und Gleichmäßigkeit der Schweißpunkte gestellt, oder soll die günstigste Einstellung einer Maschine für einen neuen
Werkstoff gefunden werden,
dann können die Versuche
nur mit einer *Zerreißmaschine*
gemacht werden. Einspannen
der geschweißten Streifen in
den für Zerreißproben üb-
lichen Klemmköpfen (Abb.
147) ergibt Werte für kombinierte Scher- und Zugfestigkeit. Aussagen über die reine
Zugfestigkeit erhält man
durch U-förmiges Biegen
der Versuchsstücke und Einspannen nach Abb. 148.
Beim Vorbereiten der Pro-
ben muß man darauf ach-
ten, daß das *U* gut auf die
Zugblöcke paßt. Auch für
das Prüfen der Schlag- und
Dauerfestigkeit müssen Vorrichtungen verwendet wer-

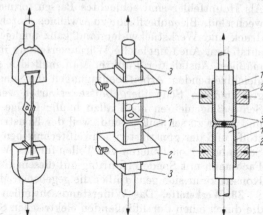

Abb. 147. Einfache Prü-
fung der Scherfestigkeit
auf der Zerreißmaschine:
Durch das Abbiegen wird
nicht die reine Scherfestigkeit gemessen, sondern
kombinierte Scher- und
Zugfestigkeit

Abb. 148. Prüfung der Zugfestigkeit auf
der Zerreißmaschine
1 Probe; *2* Spannvorrichtung; *3* Füll-
blöcke
Proben werden U-förmig vom Schweißpunkt abgebogen und über gut passende
Blöcke eingespannt

den, die der Besonderheit der Punktschweißung Rechnung tragen.

37. Fehlerquellen. Die häufigsten Fehler, die beim Schweißen immer wieder zu
beobachten sind, seien hier kurz angegeben. Fast alle Mißerfolge beim Punktschweißen sind auf Veränderungen der Elektroden während des Betriebes oder auf
Ungleichmäßigkeiten des Werkstückes zurückzuführen. An der Schweißmaschine
wird die Form und Kühlung der Elektroden zu wenig beachtet und durch Breit-
drücken der Elektrodenspitze die Stromdichte herabgesetzt. Falsch ist es, durch
recht lange Elektroden eine längere Betriebszeit ohne Auswechseln zu erstreben.
Wegen des großen Abstandes zwischen Arbeitsfläche und Kühlwasser nutzt sich die
lange Elektrode besonders schnell ab, und erst der übrigbleibende kurze Stummel
zeigt die gewünschte Haltbarkeit. Hakenelektroden werden häufig überhaupt nicht
gekühlt. Werden sie stark beansprucht, so müssen jedoch auch die Hakenelektroden
gebohrt und bis wenige Millimeter vor der Arbeitsfläche gekühlt werden.

Sehr oft wird durch fehlerhafte Maßnahmen die Schweißleistung vermindert.
Am Ober- oder Unterarm werden Eisenschellen für Anschläge oder Haltevorrichtungen angebracht, die den Strom drosseln. Alle an den Armen befestigten Teile,
besonders wenn sie die Arme ringförmig umgeben, müssen aus nichtmagnetischen
Stoffen hergestellt werden. Fehlerhaft ist es auch, irgendwelche Vorrichtungen
gleichzeitig an den Elektrodenarmen oder der Stirnplatte und ohne Isolation am
Maschinengestell zu befestigen (Nebenschluß). Völlige Verständnislosigkeit verrät
das Abdichten der Elektrodenspitzen durch Gummischeiben oder Hanf mit Men-
nige, sowie das „Nacharbeiten" kegeliger Elektroden und ihrer Halter mit Hammer,
Feile und Taschenmesser. Auch in der Überwachung der Stromzeit werden immer
wieder Fehler gemacht. Bei fußbetätigten Maschinen wird der Hauptschalter falsch
eingestellt oder beim Abnutzen der Elektroden nicht rechtzeitig nachgestellt, so daß
sich die Elektroden schon vor dem Ausschalten des Schweißstromes öffnen und
große Brandlöcher entstehen. Schließlich entstehen oft Fehlschweißungen durch
mangelnde Pflege des Hauptschalters, der durch völlig verschmorte Kontakte un-

sicher schaltet oder durch abgelagerten Kupferstaub sogar ganz überbrückt wird. Auch durch mangelhafte Vorbereitung des Werkstückes entstehen oft Mißerfolge. Als Hauptfehler sind schlechtes Passen formsteifer Teile (vgl. Abschn. 39) und wechselnde Blechoberfläche zu erwähnen, durch die mit dem wechselnden Schweißdruck und Werkstückwiderstand ganz ungleichmäßige Wärmemengen im Punkt entstehen. Auch ungleiche Wärmeverteilung im Werkstück gefährdet den gleichmäßigen Ausfall der Punkte. Man muß sich stets dessen erinnern, daß nur bei gleichbleibenden Arbeitsbedingungen der Maschine und des Werkstückes auch gleichmäßige Schweißergebnisse erwartet werden können. Leider werden den Schweißingenieuren noch allzu häufig fertige Werkteile vorgelegt, die schwierig und teuer zu schweißen sind, weil der Konstrukteur mit der Eigenart der Werkstoffe und der günstigsten schweißtechnischen Form nicht genügend vertraut ist. Schon beim Konstruieren von Teilen für das Widerstandsschweißen sollte daher ein Fachmann mit Sondererfahrung auf diesem Gebiet herangezogen werden oder der Konstrukteur sich genau über die gegebenen Möglichkeiten unterrichten.

38. Werkstoffe. Das Widerstandsschweißen ist bei allen Werkstoffen möglich, die durch einen durchfließenden elektrischen Strom zu erwärmen und im teigigen oder beginnenden flüssigen Zustand schweißbar sind. Diese Bedingung erfüllen am besten das *Eisen* und seine schmiedbaren Legierungen, so daß man früher auch nur diese als geeignet für das Widerstandsschweißen hielt. Stahl ist in einem weiten Temperaturbereich knetbar und unter genügendem Schweißdruck in diesem Zustand schweißbar. Außerdem besitzt er genügend elektrischen Widerstand, um schon beim Durchgang eines mäßigen Schweißstromes schnell erwärmt zu werden. Stahlblech mit blanker Oberfläche läßt daher bei gleich gutem Ausfall des Schweißpunktes große Spielräume für die Einstellung der Elektrodenkraft, des Schweißstromes und der Stromzeit zu. Oxydierte und verzunderte Bleche sind jedoch nur mit sehr hohen Elektrodenkräften zu schweißen, die die isolierenden Zunderschichten zerquetschen und so den Stromweg durch das Metall freilegen (Abb. 149 u. 150).

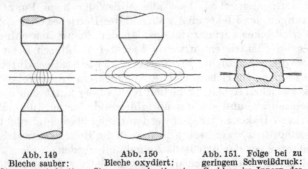

Abb. 149
Bleche sauber:
Stromweg eindeutig

Abb. 150
Bleche oxydiert:
Stromweg unbestimmt

Abb. 151. Folge bei zu
geringem Schweißdruck:
Gasblase im Innern des
Schweißpunktes

Zu kleine Schweißdrücke bei verzunderten Blechen verursachen Hohlräume im Punkt, durch die die Tragfähigkeit sehr vermindert wird (Abb. 151). Künstlich erzeugte Schutzschichten großer Härte (z. B. Phosphatschicht nach dem Bonderverfahren), verhindern im allgemeinen die Schweißung, weil sie elektrisch isolieren und auch durch große Elektrodenkräfte nicht zerdrückt werden können. Bei legierten Blechen wird die Umgebung des Schweißpunktes oft glashart, weil diese beim schnellen Abgeben der Butzenwärme an den umgebenden kalten Werkstoff abgeschreckt wird. Schweißpunkte an legierten Stählen haben daher eine geringe Tragfähigkeit, die nur durch Vergrößern des Schweißpunktes bzw. Normalglühen der Punktumgebung aufgehoben werden kann. Ein flacherer Temperaturabfall vom Butzen in die Blechumgebung durch Verlängern der Schweißzeit verringert das unerwünschte Aushärten. Es werden auch vielfach geeignete Stromprogramme und mehrere Stromimpulse angewendet. Durch richtige Formgebung lassen sich die Schwierigkeiten oft umgehen. So wird beim Anpunkten von Federstahl an Baustahl die Beanspruchung durch ein übergeschweißtes Blech aufgenommen (Abb. 152), oder die Deckbleche werden durch Löcher der Feder hindurch mittels Buckelschweißung mit der Grundplatte verbunden (Abb. 153). Grauguß

Abb. 152. Mit Deckblech durchgeschweißt

Abb. 153. Feder gelocht, daher thermisch nicht beansprucht

Abb. 152 u. 153. Punkt- bzw. Buckelschweißen von Federn

ist überhaupt nicht, Temperguß und Stahlguß sind nur beschränkt punktzuschweißen.

Die gute elektrische Leitfähigkeit der meisten *Nichteisenmetalle* zwingt zu sehr hohen Schweißströmen, weil bei ihrem geringen Widerstand nur wenig Wärme am Schweißpunkt anfällt, und zu kurzen Stromzeiten, weil durch ihre gute Wärmeleitfähigkeit die wenige entstandene Wärme sich schnell verteilt. Das *Kupfer* selbst ist schlecht, die *Kupferlegierungen* Bronze, Tombak, Messing sowie *Zink* sind gut schweißbar. Sie erfordern niedrige Schweißdrücke, hohe Schweißströme und kurze Stromzeiten und werden am besten zwischen gut gekühlten Elektrolyt- oder wolframlegierten Kupferelektroden geschweißt. Leichtmetalle müssen vor dem Schweißen durch Scheuern, Sandstrahlen oder Beizen wenigstens außen, besser beidseitig von der stets vorhandenen isolierenden Oxydschicht befreit werden. Fast alle *Leichtmetalle* erreichen Bestwerte für die Tragfähigkeit des Punktes nur bei einer bestimmten Stromstärke und Stromzeit, die durch Versuche zu ermitteln sind. Reinaluminium und seine kupferfreien Legierungen sind gut schweißbar und gestatten meist auch das Durchschweißen des Punktes, sofern keine zu hohen Forderungen an die Korrosionsfestigkeit der Oberfläche gestellt werden (Abb. 154). Soll der Punkt nicht durchgeschweißt werden, sondern die Grenze

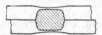

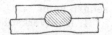

Abb. 154. Nicht plattierte und nicht korrosionsgefährdete Bleche vertragen längere Stromzeiten: Grenzen der Gefügeänderungen verlaufen bis zur Oberfläche

Abb. 155. Bei plattierten und korrosionsgefährdeten Blechen muß durch kürzeste Stromzeiten (~ 0,1 sek) die Gefügeänderungsgrenze unter der Oberfläche bleiben

Abb. 154 u. 155. Schweißpunkt im Leichtmetall

der Gefügeänderung unterhalb der Blechoberfläche bleiben, so müssen besonders kurze Stromzeiten angewendet werden (Abb. 155). Vergütete kupferhaltige *Aluminiumlegierungen* neigen zu geringer Dauerfestigkeit des Schweißpunktes, weil die Grenzflächen des Punktes ein grobes Gefüge annehmen und spröde werden. Geeignete Steuerungen der Maschinen gestatten jedoch heute auch das zuverlässige Schweißen dieser Legierungen. *Magnesiumlegierungen* sind unter ähnlichen Bedingungen wie die übrigen Leichtmetalle schweißbar. Künstlich erzeugte Schutzflächen, z. B. Eloxierung, verhindern den Stromdurchgang und müssen vor dem Schweißen entfernt werden. Korrosion zwischen den überlappten Blechen ist zu vermeiden, wenn die Blechinnenseiten unmittelbar vor dem Schweißen mit Schutzlack gestrichen werden. Solange die Farbe weich ist, werden die Punkte einwandfrei geschweißt. Metalle mit Gußgefüge sind im allgemeinen für das Punktschweißen nicht geeignet.

Zwei *verschiedene* Werkstoffe sind nur dann zu verschweißen, wenn zwischen beiden eine Legierung möglich ist. Während des Schweißens bildet sich im Schweißpunkt eine Legierung aus beiden Stoffen, welche nach beiden Seiten anschweißt. Selbst wenn zwei Stoffe nicht legierungsfähig sind, ist eine Punktverbindung möglich, sofern zwischen die Teile eine Folie gelegt wird, die mit beiden Stoffen legieren kann. Man spricht dann von einer *Widerstands-Hartlötung*. Bleche mit

Schutzschichten aus anderem Metall (galvanisierte und plattierte Bleche) schweißen im Grundwerkstoff zusammen, sofern das Deckmetall leicht schmilzt. Im Schweißpunkt wird das verflüssigte Deckmetall verdrängt und legt sich schützend um die Schweißstelle. Eine Festigkeitsverringerung des Punktes durch Einlegieren des Deckmetalles in den Grundwerkstoff ist oft nicht zu vermeiden. Bei Deckmetallen, deren Schmelzpunkt über dem des Grundwerkstoffes liegt, muß die Deckschicht selbst verschweißt oder während des Punktens eine Legierung mit dem Grundwerkstoff gebildet werden.

39. Werkstückgestaltung. Schon bei der Gestaltung des Werkstückes sollte der Konstrukteur sich vergewissern, welche Maschinen zur Verfügung stehen und versuchen, alle Schweißungen mit dem vorhandenen Maschinenpark auszuführen. Je größer die Stückzahlen werden, desto mehr können fertigungstechnische Überlegungen das Werkstück bestimmen. Bei Stücken für die Massenfertigung sollte schon bei der Konstruktion die automatische Schweißung auf Sondermaschinen erwogen und die Form und Wirtschaftlichkeit einer solchen Maschine überlegt werden (s. Abschn. II. E). Vom schweißtechnischen Standpunkt sollten folgende grundsätzlichen Gedanken den Konstrukteur leiten:

1. Der Schweißstrom soll den Schweißstellen auf möglichst kurzem Wege zugeleitet werden können.

2. Die Schweißstellen sollen von genügend großen Elektroden und Stromleitungen erreicht werden können.

3. Die Werkstückteile sollen an der Schweißstelle möglichst freie Beweglichkeit haben, damit die Elektrodenkraft gleichmäßigen Schweißdruck zwischen ihnen erzeugen kann.

4. Die Werkstückteile, besonders wenn sie klein sind, sollen sich möglichst nur an der Verbindungsfläche berühren, damit Nebenschlußwirkungen vermieden werden.

Einige *Beispiele* mögen die Anwendung dieser Grundsätze beleuchten:

Große, *sperrige* Werkstücke benötigen bei der Anwendung normaler Punktschweißmaschinen lange Elektrodenarme und große Armöffnungen, die die Leistungsaufnahme der Maschine sehr erhöhen (Abb. 156 u. 157). Oft können aber schon durch kleine Änderungen am Werkstück diese Schwierigkeiten vermieden werden, wie z. B. Anordnen von Flanschen

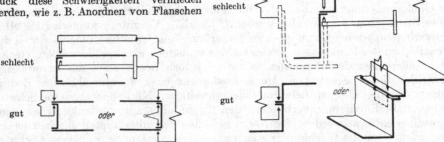

Abb. 156. Schweißen eines Bodens im Hohlkörper   Abb. 157. Schweißen von Werkstücken mit sperriger Gestalt
Abb. 156 u. 157. Sperrige Gestalt des Werkstückes erzwingt mit großer Armausladung und -öffnung teurere Maschinen mit schlechtem Wirkungsgrad und Leistungsfaktor; Abhilfe durch Änderung der Gestalt oder des Stromweges

an der Außenseite von abgekanteten Teilen oder Hohlkörpern, anstatt an der unzugänglichen Innenseite. Größere Schwierigkeiten bereitet das Verarbeiten *formsteifer* Teile. Liegen solche Teile zwischen den Elektroden hohl, so verteilt sich zwischen den Blechen der Strom auf weit auseinanderliegende Berührungspunkte, während unter den Elektrodenspitzen Löcher in die Bleche gebrannt werden (Abb. 158···160). Bei abgekanteten Blechteilen empfiehlt es sich, die Punkte mindestens 3···5 mal Blechdicke von der Kante entfernt zu legen, damit etwas Beweglichkeit erhalten bleibt (Abb. 161). Bei langen Hohlkörpern oder schweren Eisenteilen ist die Stromdrosselung durch die zwischen die Arme gebrachten Eisenmassen zu berücksichtigen und gegebenenfalls für die weiter außen liegenden Punkte eine höhere Stromstufe zu wählen. Schon der Gestalter des Werkstückes sollte diese Zusammenhänge beachten und dafür sorgen, daß die Elektroden bequem und mit möglichst geringer Ausladung an die Schweißstelle gebracht werden können.

Abb. 158. Schlecht passende Ecken Abb. 159 Festgelegte Ecken Abb. 160 Tüte oder Brücke Abb. 161. Abgekantete Bleche müssen freie Beweglichkeit zwischen den Elektrodenspitzen haben

Abb. 158···160. Schlechtes Passen der Werkstückteile verursacht Brandlöcher und unnötig lange Schweißzeiten

Bei gleich dicken Blechen ist die *Wärmeableitung* in beiden Teilen gleich, so daß beide Teile gleiche Schweißtemperaturen annehmen. Bei verschieden dicken Blechen muß die Elektrodenfläche am dünnen Blech kleiner sein, damit die erforderliche Stromdichte im Schweißpunkt entsteht. Für das Bemessen der Leistung wird bei verschieden dicken Teilen nicht die Gesamtdicke, sondern die 2,5···3fache Dicke des dünnen Bleches zugrunde gelegt. Ungleiche Wärmeableitung ist beim Zusammenschweißen verschieden geformter Teile (z. B. Draht mit Blech) gegeben. Grundsätzlich ist in diesen Fällen am besser ableitenden Teil durch Verkleinern der Elektrodenfläche die Wärmeerzeugung zu erhöhen, das schlechter ableitende, durch Überhitzung gefährdete Stück durch Vergrößern der Elektrodenflächen zu kühlen (Abb. 162···164).

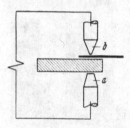 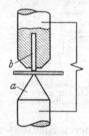 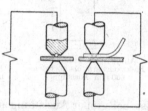

Abb. 162. Ungleiche Blechdicke
a größere Elektrodenfläche am dicken Blech; *b* kleinere Elektrodenfläche am dünnen Blech: Stromdichte im Punkt hierdurch bestimmt

Abb. 163. Drahtstift senkrecht auf Blech
a spitze Elektrode; *b* Drahtstift bis zur Schweißstelle gefaßt und gekühlt

Abb. 164. Draht flach auf Blech.
Am Blech spitze Elektrode; Draht von der Elektrode halb umfaßt: bessere Kühlung

Kleine Werkstücke werden frei oder in Vorrichtungen an die Maschine gebracht, während große Werkstücke zu Maschinen in Sonderausführung und beweglichen Punktschweißzeugen zwingen. Es empfiehlt sich immer, die Lage der Einzelteile zueinander durch Vorheften zu bestimmen. Hierfür benutzte Vorrichtungen dürfen keine

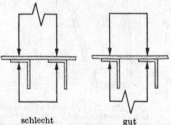 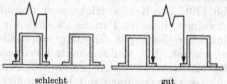

schlecht   gut   schlecht   gut

Abb. 165. Stromkreisanordnung zum Doppelpunkten. Einzelstücke und dünnere Teile sollen auf der Transformatorseite sein

Abb. 166. Stromkreisanordnung zum Doppelpunkten Doppelpunktelektroden sollen den Strom zu getrennten Teilen führen

Eisenteile enthalten, die einen geschlossenen Ring um den Schweißstromweg bilden und sollen möglichst aus nichtmagnetischen Stoffen gefertigt werden. Läßt die Vorrichtung für das Ein-

führen der Elektrodenspitzen Öffnungen frei, so sind diese gegen leitendes Berühren durch Einlegen von Isolierbuchsen zu schützen. Das Entstehen einer leitenden Verbindung zwischen den
Elektrodenarmen oder Teilen, die punktgeschweißt werden sollen, ist durch sorgfältige Isolation der Vorrichtungen zu verhindern.

Bei *gestanzten* Teilen können in vielen Fällen ohne besonderen Arbeitsgang Anschläge vorgesehen werden, durch die die gegenseitige Lage der Teile während des Schweißens auch ohne

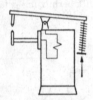

äußere Vorrichtungen gesichert wird. Bei der
Doppelpunktschweißung müssen die Elektroden
möglichst so angesetzt werden, daß sie nicht das
gleiche Metallstück berühren, so daß ein Nebenschluß durch das Teilstück vermieden wird
(Abb. 165 u. 166). Das Punktschweißen von Blechteilen gegen *Hohlkörper* soll möglichst nur dann
erwogen werden, wenn die Blechdicke des anzu-
schweißenden Teiles wesentlich unter der Wand-
dicke des Hohlkörpers liegt (Abb. 167). Zwischen
den einzelnen Schweißpunkten muß genügend

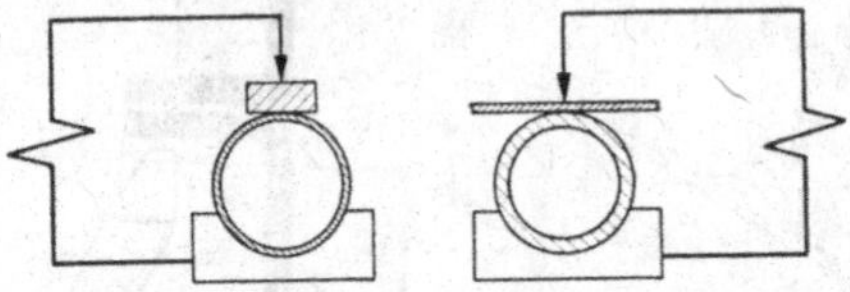

Abb. 167. Anschweißen von Teilen an Rohre.
Dickes Teil an dünnwandiges Rohr ist schwierig,
dünnes Teil an dickwandiges Rohr ist gut

Abstand gewahrt werden, damit der Nebenschluß durch die schon geschweißten Nachbarpunkte den Schweißstrom für den neuen Punkt nicht schwächt. Je dicker die Bleche und je
besser ihre Leitfähigkeit, desto größer muß dieser Abstand sein (vgl. Tab. 7···10).

40. Ortsfeste Punktschweißmaschinen. Punktschweißmaschinen mit schwenk-
barem Oberarm (Abb. 168) sind infolge ihrer Einfachheit auch heute noch viel im
Gebrauch. Der Schweißdruck wird bei diesen Maschinen meistens durch Fußkraft,
Motorantrieb oder Preßluft erzeugt. Die schwenkende Bewegung der Oberelektrode

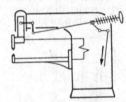

Abb. 168. Schwenkender
Elektrodenarm bis höchstens
600 mm Ausladung

Abb. 169. Parallelgeführte
Oberelektrode für große Ausladung und Elektrodenkräfte

ist bei großer Ausladung und höheren Elektrodenkräften unangenehm, so daß man bei Ausladungen
über etwa 600 mm Punktschweißmaschinen mit
parallelgeführter Oberelektrode den Vorzug gibt
(Abb. 169). Bei diesen Maschinen wird der Schweißdruck stets durch Motor oder Preßluft erzeugt, und
nur aushilfsweise ist auch Fuß- oder Handhebel-
betrieb vorgesehen. Auch bei sogenannten Tisch-
punktschweißmaschinen setzt sich die parallele
Elektrodenführung immer mehr durch (Beispiel
Abb. 170). Die Kraftantriebe sind sowohl für das
Schweißen einzelner Punkte als auch für Reihen-
punktschweißung mit durchlaufenden Elektroden
eingerichtet. Bei Reihenpunktschweißungen sind
60···120 Elektrodenspiele je Minute üblich. Schnell-
punktschweißmaschinen mit bis etwa 300 Arbeits-
spielen/Min. werden zum Schweißen von Punkt-
und Steppnähten an dünnen Blechen benutzt.

Abb. 170. Tischpunktschweißmaschine
mit Fußbetätigung für eine Elektrodenkraft von 5—60 kp (AEG). Transformatorleistung 2,75/40 kVA; Schweißstrom 1000 A bei 2,75 kVA

Die Punktleistung (Zahl der je Minute geschweißten Punkte) sucht man durch
Doppel- oder Vielpunktschweißmaschinen zu erhöhen. Gleichzeitiges Schweißen

mehrerer Punkte, die in einem Stromkreis parallel liegen, ist nicht möglich, weil infolge geringster Unterschiede der Übergangswiderstände in den einzelnen Punkten der Schweißstrom sich ganz ungleichmäßig verteilen würde. Mehrere Punkte können daher nur dann gleichzeitig geschweißt werden, wenn sie nacheinander vom Schweißstrom durchflossen werden (Abb. 171).

Bei der Doppelpunktschweißmaschine wird der Schweißstromkreis durch eine Kurzschluß-Gegenelektrode geschlossen (Abb. 172). Wird ein dünnes Blech auf ein dickes geschweißt, so kann schon das dickere den Stromkreis schließen (Abb. 173). Die Doppelpunktschweißung erfordert also nicht das Umgreifen des Werkstückes durch zwei

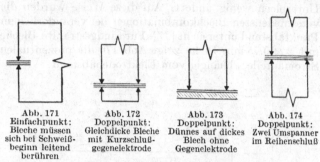

Abb. 171
Einfachpunkt: Bleche müssen sich bei Schweiß-beginn leitend berühren

Abb. 172
Doppelpunkt: Gleichdicke Bleche mit Kurzschluß-gegenelektrode

Abb. 173
Doppelpunkt: Dünnes auf dickes Blech ohne Gegenelektrode

Abb. 174
Doppelpunkt: Zwei Umspanner im Reihenschluß

Abb. 171···174. Schaltungen des Schweißstromkreises

Elektrodenarme, da sich die stromzu- und stromabführende Elektrode auf der gleichen Werkstückseite befindet. Eine Sonderform der Doppelpunktschweißung arbeitet mit *zwei* Umspannern, die auf beiden Seiten beliebig großer Werkstücke, etwa großer Blechplatten, angeordnet sind (Abb. 174). Diese Anordnung gestattet auch das Durchschweißen durch isolierende Schichten zwischen den Blechen. Der Schweißstrom fließt dann zunächst durch die Einzelbleche, verbrennt durch Erhitzen der Berührungsstelle unter den Elektroden die isolierende Schicht, stellt so an den Schweißpunkten den Kontakt zwischen den beiden Blechen her und durchfließt beim Schweißen beide Sekundären in Reihe.

Die Anordnung der Abb. 172 wird heute sehr viel für die Schweißstraßen großer Werkstücke, z. B. Kraftfahrzeugböden, verwendet. Hierbei ist zu berücksichtigen,

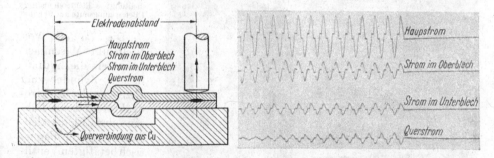

Abb. 175. Stromverteilung in Abhängigkeit vom Elektrodenabstand. Versuchsanordnung und Oszillogramm

daß mit abnehmendem Punkt- bzw. Elektrodenabstand der gewollte, ideelle Stromverlauf immer weniger verwirklicht bleibt. Meßtechnische Untersuchungen haben gezeigt, daß der Strom im Oberblech mit abnehmendem Punktabstand unterhalb von 50 mm sehr rasch auf über 50% des Gesamtstromes ansteigt. Eine Möglichkeit der meßtechnischen Untersuchung zeigt Abb. 175. Um die einzelnen Ströme meßtechnisch ermitteln zu können, wurden die im Bild sichtbaren Aussparungen sowohl im Unterkupfer als auch an den Blechen angebracht. In diese Aussparungen wurden Meßgürtel eingebracht. Den Verlauf der Ströme einer Schweißung zeigen

die im Bild wiedergegebenen Oszillogramme. Bemerkens-
wert ist, daß der schädliche Strom im Oberblech mit zu-
nehmender Verschweißung zugunsten des Stromes im
Unterkupfer abnimmt, wohingegen sich der Strom im
Unterblech wenig ändert. Auf diese Weise wurden die
verschiedensten Blechkombinationen bei veränderlichem
Punktabstand untersucht [17]. Für sandgestrahlte Bleche
mit 2 × 0,75 mm Dicke zeigt Abb. 176 die prozentualen
Stromanteile, abhängig vom Elektrodenabstand.

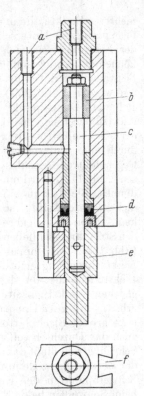

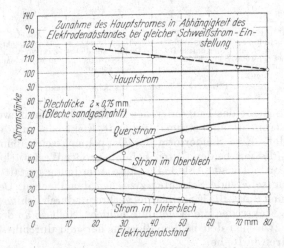

Abb. 176. Auswertung des Oszillogramms Abb. 175

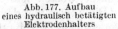

Abb. 177. Aufbau
eines hydraulisch betätigten
Elektrodenhalters

a Hydraulikanschlüsse; *b* Kolben; *c* Kolbenstange; *d* Ab-
dichtung; *e* Elektrodenhalter;
f Befestigungsnute am Gehäuse

Abb. 178. Vielpunktschweißmaschine zum Zusammenpunkten von
Stahlbändern (Miebach)

Die *Bauteile* von
Vielpunkt - Maschinen,
besonders die hydrau-
lischen Zylinder zum
Erzeugen der Elektro-
denkraft und zum Füh-
ren der Elektroden-
halter sowie die magne-
tisch betätigten Ventil-
schieber sind weitge-
hend vereinheitlicht.
Den Aufbau eines Elek-
trodenhalters zeigt
Abb. 177. Er ist mög-
lichst schmal gehalten,
damit die Punktab-
stände, die oben in
elektrischer Hinsicht
noch als tragbar ge-

nannt wurden, erreicht werden. Mit den in Abschn. 8 beschriebenen einheitlichen Transformatoren können daher heute Vielpunktschweißmaschinen relativ schnell zusammengestellt werden. Nur der Rahmen zur Aufnahme der Elektrodenkräfte und die Vorrichtungen zum Halten der Teile während des Schweißens müssen für jedes Werkstück angefertigt werden. Eine solche Vielpunktmaschine mit zwei Punktreihen zeigt Abb. 178. Sie dient zum Zusammenpunkten von Eisenbändern mit einer Breite von 650···1000 mm. Ein weiteres Beispiel für die Anpassungsfähigkeit solcher Vielpunkteinrichtungen zeigt Abb. 179 an einem Ausschnitt aus der großen Dachstraße des Volkswagenwerkes.

Auch der Bau selbsttätiger Punktschweißmaschinen, denen die Werkstückteile auf Förderbändern und Revolvertellern zugeführt werden, ist durch diese Bauteile sehr erleichtert (s. hierzu Abschn. E).

41. Bewegliche Punktschweißzeuge. Diese Geräte mit Stromzuführung durch Kabel werden für das Schweißen sehr großer

Abb. 179. Einbaubeispiel einer Schweißstation in eine große Pressenstraße: Dachstraße des VWW

unbeweglicher Werkstücke benutzt. Dabei wird ein großer Teil der Leistung durch den Verlust in den Zuführungskabeln vernichtet, die den starken Schweißstrom vom Schweißumspanner zu den Schweißzeugen führen müssen. Um die Zuführungskabel genügend beweglich zu halten, muß ihr Querschnitt sehr klein und ihre Strombelastung sehr hoch gewählt werden. Die große Verlustwärme wird durch Wasser abgeführt, von welchem das ganze Kabel in einem Schlauch umspült ist. Die induktiven Verluste setzt man durch möglichst nahes Zusammen- oder konzentrisches Ineinanderlegen der beiden Kabel und Vermeiden unnötiger Kabellängen herab. Schon bei bescheidener Schweißleistung haben Kabelpunktschweißmaschinen infolge der großen Verluste im Schweißstromkreis sehr hohe Anschlußwerte. Diese Nachteile werden reichlich durch die Vielseitigkeit der beweglichen Punktschweißzeuge aufgehoben.

Überall, wo die Werkstücke groß und die Bleche vorwiegend unter 1,5 mm sind, z. B. Fahrzeugbau, beherrschen daher diese Maschinen das Feld, zumindest im Zusammenbau. Als *Punktschweißzangen* sind sie überall anzuwenden, wo das Werkstück von den Armen übergriffen werden kann (Abb. 180 u. 181). Sie werden in verschiedenen Formen gebaut und durch Preßluft oder Druckwasser betätigt. Gestattet die Werkstückform kein Umgreifen der Schweißstelle durch eine Zange, so müssen die Stromzu- und -rückführung getrennt an die Innen- und Außenseite des Werkstückes geführt werden. Die Innenelektrode ist dann meistens als Schiene ausgebildet, auf der das Werkstück der gewünschten Punktreihe entlang aufliegt. Als Außenelektrode wird eine *Stoßelektrode* verwendet, die von Hand oder mit Hilfe einer Gegenlage angepreßt wird (Abb. 182). Auch für die Stromzufuhr an der Außenseite des Werkstückes kann eine Schiene benutzt werden. Die Elektrode kann dann an beliebiger Stelle zwischen der Schiene und dem Werkstück gespreizt werden und ist frei von jeder Behinderung durch schwere Strom-

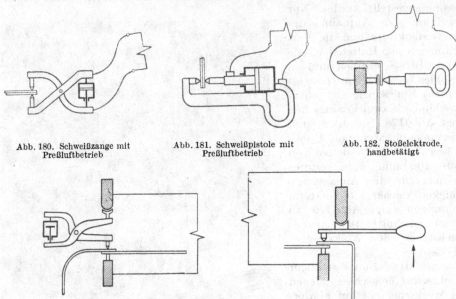

Abb. 180. Schweißzange mit
Preßluftbetrieb

Abb. 181. Schweißpistole mit
Preßluftbetrieb

Abb. 182. Stoßelektrode,
handbetätigt

Abb. 183. Spreizelektrode, preßluftbetätigt   Abb. 184. Schweißknüppel, handbetätigt

Abb. 180···184. Ortsbewegliche (Kabel-) Punktschweißmaschine

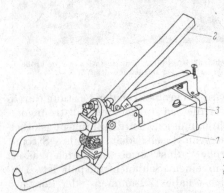

zuführungskabel (Abb. 183). An Stelle der *Spreizelektrode* genügt auch in vielen Fällen ein Knüppel mit *Punktelektrode* (Abb. 184). Bei allen Punktschweißzeugen ist dafür zu sorgen, daß der Schweißstrom erst dann eingeschaltet wird, wenn die Schweißstelle zwischen den Elektroden einwandfrei zusammengepreßt ist.

In vielen kleineren Betrieben, aber auch in überlasteten Großbetrieben können die hohen Anschlußwerte der Kabelpunkt-

Abb. 185. Kleine Handpunktschweißzange. Transformator *1* ist eingebaut, Elektroden werden durch Handhebel *2* geschlossen, Schweißstrom wird durch Druckknopf *3* eingeschaltet

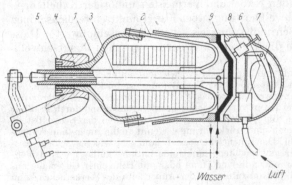

Abb. 186. Punktschweißzeug mit Preßluftbetätigung und wassergekühlten Elektroden

1 Gehäuse; *2* federnde Kupferbänder (Sekundäre); *3* Elektrodenhalter; *4* Haltearm für Gegenelektrode; *5* Befestigungsschraube; *6* Luftventil; *7* Handhebel zu *6*; *8* Luftauslaßventil; *9* Membran

Wasser   Luft

schweißmaschinen ein Problem bilden. Für diese Fälle steht eine Vielfalt von beweglichen Punktschweißzeugen mit *eingebautem* Transformator zur Verfügung.

In den kleinsten Maschinen (Abb. 185) werden die Elektroden durch einen Handhebel am Tragbügel betätigt. Die nötige Kraft wird durch Kniehebelübersetzung erzeugt. Nach dem Schließen der Elektroden wird der Strom durch Druckknopf meist für eine willkürlich gewählte Zeit eingeschaltet. Für Heftarbeiten, besonders wenn längere Zeiten zwischen den Punkten zum Abkühlen zur Verfügung stehen, sind diese leichten Maschinen sehr brauchbar. Für leichte Produktion kann schon die Maschine Abb. 186 eingesetzt werden, in der die Sekundäre und die Elektroden wassergekühlt sind und die Elektrodenkraft durch Preßluft erzeugt wird. In dieser Maschine können die Elektroden leicht ausgewechselt werden. Ein hornartiger Elektroden-

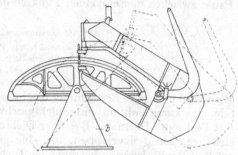

Abb. 187. Ortsbewegliche Punktschweißzange für Waggondächer. Die Dachkonstruktion ist in Bock *b* drehbar aufgehängt

träger ermöglicht es dieser Maschine, leichte Bleche beliebiger Größe überlappt zu schweißen. Große bewegliche Punktschweißmaschinen mit eingebautem Transformator werden für besonders sperrige Werkstücke benutzt, z. B. Abb. 187.

Das Anwendungsgebiet der Punktschweißung ist so vielseitig, daß neben den beschriebenen Grundformen Sondermaschinen aller Art entwickelt worden sind, von denen im Rahmen dieses Buches nur einige typische Beispiele besprochen werden können (s. S. 109).

B. Nahtschweißen

42. Nahtschweißverfahren. Das Nahtschweißen ist unmittelbar aus dem Punktschweißen abgeleitet. Schon mit der Schnellpunktschweißmaschine können Punktnähte (Steppnähte) durch schnelles und dichtes Aneinanderreihen einzelner Schweißpunkte erzeugt werden. Während des Vorschubes des Werkstückes muß sich das Punktelektrodenpaar jedoch nach jedem einzelnen Punkt öffnen. Beim schnellen Arbeiten hämmern daher die Elektroden sehr stark auf das Werkstück und verformen sich in kurzer Zeit. Bei leicht zugänglichen Punktreihen und beim Rollennahtschweißen wird daher das Elektrodenpaar durch ein Rollenpaar ersetzt, durch dessen Drehung das Werkstück vorgeschoben wird. Auch das Rollenpaar berührt ebenso wie das Punktelektrodenpaar das Werkstück nur auf einer kleinen Fläche, so daß der Strom gezwungen ist, durch einen beschränkten Querschnitt des Werkstückes von Rolle zu Rolle zu fließen und einen Schweißpunkt zu erzeugen (vgl. Abb. 8, S. 9). Zum Erzeugen einer Naht werden durch das umlaufende Rollenpaar in schneller Folge Stromstöße geschickt, die Punkt an Punkt reihen. Vor dem Nahtschweißen mit Punktelektroden hat das Rollennahtschweißen den Vorzug einer viel geringeren Elektrodenabnutzung infolge der größeren Arbeitsfläche der Nahtelektroden (Rollenumfang gegen Elektrodenspitze) und eines regelmäßigen Werkstückvorschubes durch die Rollendrehung.

Als *Nahtleistung* oder Schweißgeschwindigkeit bezeichnet man die beim Nahtschweißen durch die Rollendrehung erzeugte mittlere Vorschubgeschwindigkeit des Werkstückes. Ist die Umfangsgeschwindigkeit der Rollen und damit der Vorschub des Werkstückes gegeben, so wird der Längenabstand der einzelnen Schweißpunkte (der Punktabstand) durch den Zeitabstand der einzelnen Stromstöße, die Punkt- oder Taktzeit bestimmt (Abb. 188). Je größer die Nahtleistung (m/min) und je länger die Taktzeit (sek oder Perioden) ist, desto weiter wird der Punktabstand. Der einzelne Punkt wird während der Stromzeit erzeugt, die nur einen Teil der Taktzeit einnimmt. Der Zeitrest entfällt auf die Strompause. Der Kehrwert der Taktzeit (sek) gibt die Anzahl der je Sekunde geschweißten Punkte, den Nahttakt (1/sek), an. Die Stromzeit des einzelnen Punktes folgt den Gesetzen der Punktschweißung. Die Pause zwischen den einzelnen Punkten der Naht wird durch Rücksichten auf den

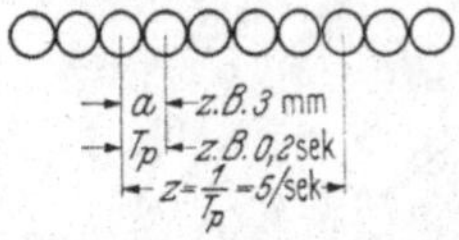

Abb. 188. Zusammenhang zwischen Punktabstand, Taktzeit und Nahtleistung

a Punktabstand (mm); T_p Schritt- oder Taktzeit (sek); $1/T_p$ Nahttakt; z Takte = geschweißte Punkte je sek ($z = 1/T_p$); Nahtleistung $L = a \cdot z \cdot 60/1000$ (m/min); Beispiel: $a = 3$ mm, $z = 5$ je sek, $L = 0,9$ m/min

Werkstoff und seine Erwärmung bestimmt. Eine Naht, bei der je ein Schweißpunkt oder eine kurze Naht mit einer nichtgeschweißten Stelle abwechselt, bezeichnet man mit Fest- oder Heftnaht. Bei einer Dichtnaht müssen die einzelnen Schweißpunkte sich gegenseitig überlappen, um eine geschlossene Schweißnaht zu bilden. Die größten Punktabstände betragen bei Dichtnähten etwa 3 mm, bei Festnähten etwa 10 mm und bei Heftnähten etwa 30 mm.

Für eine bestimmte Naht ist durch den erforderlichen Punktabstand und den höchstmöglichen Nahttakt die Nahtleistung und damit die Umfangsgeschwindigkeit der Elektrodenrollen eindeutig festgelegt (Tab. 12). Die Leistungsaufnahme der

Tabelle 12. *Nahtleistung in m/min beim Nahtschweißen mit verschiedenen Punktabständen a und Takten z (Abb. 188)*

Takte	Takt-zeiten	Punktabstände (Schrittlängen) a					
		bei druckdichten Schweißnähten				bei Festnähten	
z sek^{-1}	T_p sek	0,5 mm	1,0 mm	2 mm	3 mm	5 mm	10 mm
100	0,01	3,00	6,00	12,00	—	—	—
50	0,02	1,50	3,00	6,00	9,00	—	—
25	0,04	0,75	1,50	3,00	4,50	7,5	15,0
$16^2/_3$	0,06	0,50	1,00	2,00	3,00	5,0	10,0
10	0,10	0,30	0,60	1,20	1,80	3,0	6,0
5	0,20	0,15	0,30	0,60	0,90	1,5	3,0
2	0,50	0,06	0,12	0,24	0,36	0,6	1,2
1	1	0,03	0,06	0,12	0,18	0,3	0,6

Nahtschweißmaschine wächst wie beim Punktschweißen mit dem Verkürzen der Stromzeit je Punkt. Ein Steigern der Nahtleistung erfordert daher stärkere Schweißmaschinen. Oft wird auch durch das Erhöhen des Schweißstromes mit dem Verkürzen der Stromzeit je Punkt die Allgemeinerwärmung des Werkstückes verringert und so trotz gleicher oder gesteigerter Nahtleistung weniger elektrische Arbeit verbraucht. Bei Angaben über die Leistungsaufnahme und den Arbeitsverbrauch von Nahtschweißmaschinen sind daher nicht nur der Werkstoff und die Blechdicke, sondern auch die Nahtleistung und die Nahtform (Punktabstand) zu berücksichtigen. Man unterscheidet Schritt- und Gleichlauf-Nahtschweißen.

Das Schrittnahtschweißen ist unmittelbar aus dem Reihenpunktschweißen entwickelt. Jeder einzelne Punkt der Naht wird zwischen stillstehenden Elektrodenrollen geschweißt, die sich immer nach Ablauf der Schweißzeit um einen Schritt weiter drehen und das Werkstück ohne Schweißstrom um einen Punktabstand vorschieben. Der Schweißstrom wird nur während des ersten Teiles des Rollenstillstandes eingeschaltet (Abb. 189). Erst nachdem sich der Punkt zwischen den Elektrodenrollen abgekühlt hat, werden diese um einen Schritt weiter gedreht. Der Schweißstrom muß also im Gleichlauf mit der Schrittbewegung der Rollen ein- und ausgeschaltet werden. Der Punktabstand wird durch die Schrittlänge der Rollen bestimmt. Der Nahttakt entspricht der Anzahl der Schritte je Sekunde. Nach dem

Rollenschrittverfahren können die Nähte mit jedem beliebigen Punktabstand geschweißt werden.

Die Schrittbewegung der Elektrodenrollen wird bis zu etwa 5 Schr./sek durch Reibungs- oder Zahngesperre mit Schwinghebel erzeugt. Die Schrittlänge wird durch das Verändern des Angriffspunktes eines um gleichmäßige Beträge hin- und hergehenden Gestänges am Schwinghebel oder durch Verändern des Gestängehubes eingestellt (Abb. 190). Für mehr als etwa 5 Schr./sek ist der

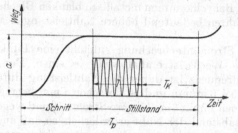

Abb. 189. Verlauf eines Rollenschrittes. Stromzeit T und Abkühlzeit T_K während des Stillstandes. Taktzeit T_p entfällt auf Schritt und Stillstand, a Schrittlänge bzw. Punktabstand

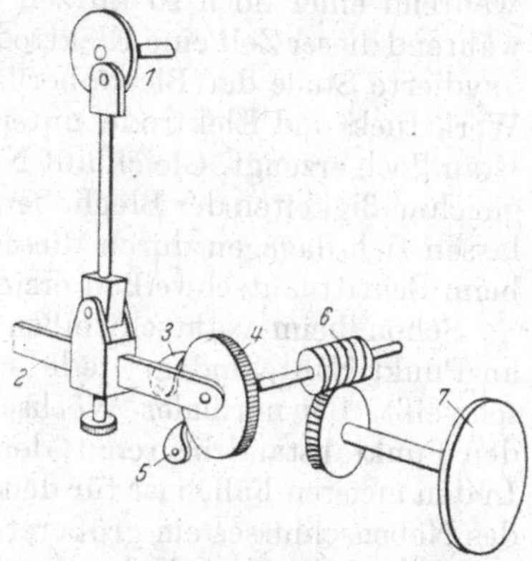

Abb. 190. Schrittantrieb durch Sperrklinke (bis zu 5 Schritte/sek)

1 Kurbeltrieb; 2 Gesperrehebel; 3 Mitnehmerklinke; 4 Sperrad; 5 Rücklaufsperre; 6 Schneckentrieb; 7 Elektrodenrolle; Schrittlänge verstellbar durch Ändern des Kurbelradius 1 oder der Hebellänge 2

Schrittantrieb durch Gesperre infolge der ruckweisen Beschleunigung der Getriebeteile ungeeignet. Schnellaufende Schrittnahtschweißmaschinen arbeiten daher mit einer zwangsläufigen Schrittsteuerung durch Kurven, die ein sanftes Beschleunigen und Verzögern der Getriebeteile ermöglicht. Bei der Schrittkurvensteuerung wird eine gleichförmige Rollendrehung, die der mittleren Vorschubgeschwindigkeit entspricht, durch Überlagern einer schwingenden in die schrittförmige Bewegung abgewandelt (Abb. 191). Mit der Schrittkurvensteuerung werden bis zu $\sim$ 15 Schr./sek erzeugt. Da der Schweißstrom im Takt mit der Schrittbewegung unterbrochen wird, muß bei mehr als etwa 5 Schr./sek auch die Schrittbewegung synchron mit dem Wechselstrom verlaufen (vgl. Abschn. 19).

Die Vorteile des Rollenschrittverfahrens sind schweißtechnischer Art. Jeder einzelne Punkt wird mit großer Sicherheit und Gleichmäßigkeit geschweißt. Gegen kleine isolierende Unsauberkeiten auf der Blechoberfläche, die beim Auflaufen der Rolle unter Strom ein Brandloch verursachen würden, ist die Schweißung zwischen stillstehenden Elektrodenrollen unempfindlich. Auf Schrittmaschinen können daher auch unsaubere Bleche mit wechselnder Oberfläche dicht geschweißt werden. Auch bei Fest- und Heftnähten mit großem Punktabstand ist das Schrittverfahren

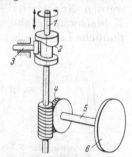

Abb. 191. Schrittantrieb durch Kurvensteuerung (bis zu 15 Schritte/sek)
1 Antriebswelle (läuft gleichförmig um); 2 Mantelkurve, erzwingt mit der feststehenden Rolle 3 eine Längsschwingung der Welle 1; 4 Schneckentrieb; 5 Elektrodenwelle; 6 Elektrodenrolle

überlegen, weil das Werkstück durch die Rollen zwangsläufig und schnell um genau gleiche Punktabstände vorgeschoben wird. Ein Vorteil der Schrittnahtschweißmaschine ist ferner die geringere Abnutzung der stromführenden Lager, da die Elektrodenwellen während des Stromflusses stillstehen und einen festen Kontakt mit dem Lager bilden. Der einzige Nachteil des Schrittverfahrens ist die Begrenzung auf eine nicht sehr hohe Nahtleistung, weil die höchstmögliche Schrittzahl durch die Massen des Werkstückes und der Getriebeteile bestimmt wird.

Gleichlauf-Nahtschweißen. Das einfachste Nahtschweißverfahren, zwei Bleche zwischen sich gleichförmig drehenden und ununterbrochen vom Strom durchflossenen Rollen zu schweißen, ist nur in einzelnen Fällen erfolgreich anzuwenden. Beim Gleichlauf-Nahtschweißen fördern die Elektrodenrollen das Werkstück auch während einer noch so kurzen Schweißzeit um einen bestimmten Betrag. Läuft während dieser Zeit eine Elektrodenrolle auf ein isolierendes Teilchen, z. B. auf eine oxydierte Stelle der Blechoberfläche, auf, so wird der Schweißstromkreis zwischen Werkstück und Elektrode unterbrochen und infolge des Abschaltlichtbogens ein Brandloch erzeugt. Gleichlauf-Nahtschweißen ist daher sehr empfindlich gegen Ungleichmäßigkeiten der Blechoberfläche. Bei vollkommen metallisch blanken Blechen lassen sich dagegen durch dieses Verfahren bedeutend höhere Nahtleistungen als beim Schrittnahtschweißen erzielen.

Schon beim Nahtschweißen ohne Stromunterbrechung entsteht eine Punkt-an-Punkt-Naht, indem jede einzelne Wechselstromhalbwelle je einen Punkt schweißt. Bei normaler Wechselstromfrequenz ist daher die Nahtleistung durch den Punktabstand begrenzt, der z. B. bei 6 m/min und 50 Hz schon 1 mm beträgt. In den meisten Fällen ist für den einzelnen Punkt eine längere Stromzeit und wegen des Nebenschlusses ein größerer Punktabstand der Naht erforderlich, so daß auch beim gleichförmigen Nahtschweißen der Strom in einem bestimmten Takt unterbrochen oder geschwächt werden muß. Die Nahtleistung wird auch hierbei durch die Umfangsgeschwindigkeit der Elektrodenrollen, der Punktabstand bei gleicher Nahtleistung aber durch die Zahl der Stromstöße je Sekunde bestimmt.

Bezüglich der *Stromsteuerung* sei auf Abschn. 19 verwiesen. Schaltschütze und mechanische Schalter werden heute nur noch ausschließlich für das Gleichlauf-Nahtschweißen mit ununterbrochenem Stromfluß verwendet. Eine beliebige Verteilung der Taktzeit auf Stromzeit und Strompause sowie die gleichmäßige Wiederholung jedes einzelnen Taktes kann nur durch die Schweißtakter (s. S. 44) erreicht werden. Nur durch diese Freizügigkeit in der Auswahl der Wärmezufuhr kann das Nahtschweißverfahren den Forderungen angepaßt werden, die heute durch empfindliche Legierungen und hohe Qualitätsansprüche gegeben sind.

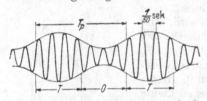

Beim *Modulationsverfahren* verzichtet man auf völliges Ausschalten des Schweißstromes. Man schwächt und verstärkt die der Schweißmaschine zugeführte Spannung mit Hilfe eines Drehtransformators, des Modulators (s. [5, S. 219]), mit einer für den gewünschten Takt erforderlichen Frequenz (Abb. 192). Während des Höchstwertes der Spannung wird stets ein Punkt geschweißt, während beim Tiefstwert der Spannung nur ein Reststrom fließt, der zum Schweißen nicht mehr genügt. Mit dem Modulator werden Takte von etwa 4···12 Punkten je Sekunde beherrscht. Er verteilt die Taktzeit in einem festen, in der Nähe von 1 : 1 bleibenden Verhältnis auf Stromzeit und Pause. Der während der Pause fließende Reststrom erwärmt (oft unerwünscht) das Werkstück zusätzlich und erhöht den Verbrauch an elektrischer Arbeit.

43. Werkstoffe. Beim Nahtschweißen ist die Leitfähigkeit und Wärmeempfindlichkeit sowie die Oberflächenbeschaffenheit des Werkstoffes wesentlich sorgfältiger zu beachten als beim Punktschweißen. Besonders bei Dichtnähten mit sich überlappenden Schweißpunkten tritt der Nebenschluß durch die schon geschweißte Naht störend in Erscheinung. Durch den Nebenschluß umgeht mit wachsender

Nahtlänge ein immer größerer Teil des Schweißstromes die Schweißstelle, so daß diese nicht mehr genügend erhitzt wird. Diese Erscheinung verhindert das Nahtschweißen gut leitender Stoffe restlos und läßt auch bei schlechter leitenden Stoffen nur das Schweißen von wesentlich geringeren Blechdicken zu. Stahlbleche eignen sich für das Nahtschweißen am besten. Blanke und dekapierte Bleche können im Schritt oder im Gleichlauf geschweißt werden. Leicht oxydierte Bleche lassen sich im Schritt ohne Entzunderung nahtschweißen, sofern keine zu großen Anforderungen an die Dichtigkeit und Gleichmäßigkeit der Naht gestellt werden. Kleine Spritzer durch Wegschleudern der geschmolzenen Zunderteile sind beim Schweißen solcher Bleche nicht zu vermeiden. Sollen druckluft- und wasserdichte Nähte aus Schwarzblech geschweißt werden, so ist Abschleifen der Schweißkante oder das Beizen der Teile erforderlich. Rostfreie Stahlbleche müssen mit möglichst kurzen Stromzeiten und langen Strompausen zwischen den einzelnen Punkten nahtgeschweißt werden, damit ihre Korrosionsfestigkeit nicht durch übermäßige Erwärmung vernichtet wird. Gewöhnliche Stahlbleche sind bis zu einer größten Einzelblechdicke von etwa 3,5 mm nahtzuschweißen. Bei Einzeldicken über etwa 2,5 mm ist jedoch das Lichtbogenschweißen in den meisten Fällen dem Rollennahtschweißen überlegen, so daß man sich von Fall zu Fall für das bestgeeignete Verfahren entscheiden muß.

Nichteisenmetalle erschweren infolge ihrer meist guten elektrischen Leitfähigkeit und der dadurch entstehenden Nebenschlußverluste das Schweißen dichter Nähte. Diese Metalle können daher nur mit sehr hohen Stromstärken und kürzesten Schweißzeiten geschweißt werden. An Kupferblechen können dichte Rollenschweißnähte nicht erzeugt werden. Schon nach dem Schweißen einiger Punkte der Naht wird bei diesem gut leitenden Werkstoff soviel Schweißstrom durch den Nebenschluß geführt, und soviel Verlustwärme in das Blech abgeleitet, daß eine Schweißung unmöglich ist. Bronzen mit hohem Kupfergehalt, deren elektrische Leitfähigkeit etwas unter der des Kupfers liegt, sind bis zu Einzelblechdicken von etwa 0,8 mm schweißbar. Mit der Abnahme ihrer elektrischen Leitfähigkeit lassen sich die Kupferlegierungen immer besser nahtschweißen. So bietet z. B. das vakuumdichte Nahtschweißen von *Messingblechen* bis 1,5 mm Einzelblechdicke keine Schwierigkeiten. Voraussetzung für das Schweißen dieser Legierungen sind kurze Stromzeiten, die mit Rücksicht auf die hohe Stromstärke meist mit Ignitrons gesteuert werden, beste Kühlung der Elektrodenrollen und am besten auch des Werkstückes durch Bespülen der ganzen Schweißstelle mit Kühlwasser. Je wärmeempfindlicher der Werkstoff ist, desto länger sind auch die Strompausen zwischen den Punkten zu bemessen. So konnten z. B. vakuumdichte Nähte an sehr wärmeempfindlichen dünnen Bronzeblechen erst mit Stromzeiten von etwa $^1/_3$ Halbwelle (0,003 sek) und Strompausen von etwa fünf Perioden (0,1 sek) einwandfrei geschweißt werden.

Leichtmetalle verhalten sich ähnlich wie Messing. Wie beim Punktschweißen müssen jedoch Leichtmetalle unmittelbar vor dem Nahtschweißen sorgfältig von Oxydschichten befreit werden. Die große Wärmeempfindlichkeit der Aluminium-Magnesiumlegierungen zwingt beim Nahtschweißen ebenfalls zu kurzen Schweißzeiten und großen Strompausen, in denen sich die Hitze des Schweißpunktes gleichmäßig verteilen kann und der schädliche Einfluß örtlicher Überhitzungen auf das Werkstoffgefüge vermieden wird. Leichtmetalle lassen sich bis zu einer Einzelblechdicke von etwa 1,5 mm rollennahtschweißen.

Schwierigkeiten bereitet gelegentlich das *Anlegieren* des Bleches an die Elektrodenrollen, besonders wenn mit einer zu leichten Maschine, daher mit zu kleinem Strom und zu wenig Druck geschweißt wird. Auch Reibungs- und Trägheitswiderstände in der Führung des Elektrodenträgers können für das Anlegieren verantwortlich sein. Daher müssen Nahtschweißmaschinen für Leichtmetalle sehr genau in Rollen oder Kugeln geführte Elektrodenträger haben, deren Gewicht bei aller mechanischen Steifheit möglichst gering sein sollte. Bei genügendem Schweißstrom- und -druck, sauberen Elektroden und Blechen sowie guter Kühlung der Rollen kann das Anlegieren vollkommen vermieden werden.

Durch die kleine Reibungskraft zwischen den Rollen und der Blechoberfläche rutschen die Rollen schon bei kleinen Hemmungen, wodurch leicht Brandfurchen oder -löcher entstehen. Man muß daher für leichte Mitnahme der Bleche zwischen den Elektrodenrollen und für genau gleiche Umfangsgeschwindigkeit der Rollen sorgen. Wenn möglich, sollen beide Rollen angetrieben sein. Wo Schlepprollen beim Schweißen von Nichteisenmetallen nicht zu umgehen sind, müssen die Rollen auch bei geringer Reibung am Werkstück ohne Stockung mitgedreht werden können. Eine Übersicht der Werkstoffe und Blechdicken, die noch nahtzuschweißen sind, sowie die Nahtleistung und Maschinengröße unter gewöhnlichen Bedingungen vermittelt Tab. 13.

Tabelle 13

Werkstoff	Nahtschweißbare Einzelblechdicke von/bis mm	Nahtleistung m/min	Elektroden- kraft kp	Schweißstrom A
Blankes Stahlblech ..	0,5–3	2,0–1,2	250– 900	11000–22000
Rostfreier Stahl	0,1–3	6,0–1,0	250–1500	5000–20000
Zink	0,2–1,0	6 –2	100– 300	5000–10000
Messing...........	0,1–1,5	2,5–0,4	150– 400	15000–50000
Aluminium........	0,2–1,5	3 –0,3	180– 600	20000–80000

Es sei hier darauf hingewiesen, daß die neueren elektr. Schutzgas-Schmelzschweißverfahren (Wolfram- und Metall-Inert-Gas-Schweißen) oft dem Rollennahtschweißen bei den Nichteisenmetallen, auch bei kleineren Blechdicken, überlegen sind. Man muß daher auch hier die einzelnen Verfahren gegeneinander abwägen.

Richtwerte für die verschiedenen Blechdicken bei blanken Stahlblechen sind in Tab. 14 zusammengefaßt. Die Blechdicke gilt für Einzelblech, bei verschiedener Blechdicke für das dünnere. Das dickere Blech soll die dreifache Dicke des dünneren nicht überschreiten.

Tabelle 14. *Richtwerte zum Nahtschweißen von blanken Stahlblechen (bis max. 0,3 % C)*

Einzel- Blechdicke mm	Strom- zeit Per.	Strom- pause Per.	Sekundär- Schweißstrom A	Elektroden- kraft kp	Schweiß- geschwindigkeit m/min
0,5	2	2	11000	250	2,0
0,75	3	2	13000	300	1,8
1,0	3	3	15000	400	1,7
1,5	4	4	17000	530	1,6
2,0	5	4	19000	680	1,4
2,5	6	5	20000	770	1,3
3,0	7	5	22000	900	1,2

44. Werkstück und Nahtform. Die Gestalt des Werkstückes muß das Heranführen der Elektrodenrollen an die Schweißnaht gestatten. Bei Längsnähten an Hohlkörpern muß der Durchmesser das Einfahren eines genügend starken Unterarmes zulassen. Längsnähte an Rohren von 100 mm Durchmesser bis etwa 2000 mm Länge können noch auf dem Dorn einer Wanderrollen-Nahtschweißmaschine bearbeitet werden, während beliebig lange Rohre mit noch kleinerem Durchmesser nur auf Rohrnahtschweißmaschinen in Sonderausführung zu schweißen sind. Rundnähte sollten stets eine möglichst geringe Ausladung der Elektrodenrollen erfordern. Beim Einschweißen eines Bodens in einen Hohlkörper wäre also der Boden möglichst nach außen zu bördeln (vgl. Abb. 156). Beim Rundnahtschweißen müssen die beiden Werkstückteile besonders genau ineinanderpassen. Viele Mißerfolge beim Schweißen von Rundnähten sind auf die Bildung von Tüten infolge zu großen Durchmessers des Außenteiles zurückzuführen (vgl. Abb. 158···160).

Am einfachsten und sichersten läßt sich die überlappte Naht schweißen (Abb. 193). Die Überlappung soll wenigstens fünfmal Einzelblechdicke betragen. Je kürzer die Überlappung gewählt ist, desto unsauberer wird die Schweißung infolge des Herausquetschens von Spritzern. Nichteisenmetalle können nur überlappt geschweißt

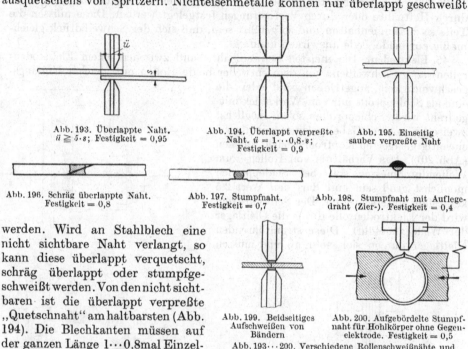

Abb. 193. Überlappte Naht.
$\ddot{u} \geqq 5 \cdot s$; Festigkeit = 0,95

Abb. 194. Überlappt verpreßte Naht. $\ddot{u} = 1 \cdots 0,8 \cdot s$; Festigkeit = 0,9

Abb. 195. Einseitig sauber verpreßte Naht

Abb. 196. Schräg überlappte Naht. Festigkeit = 0,8

Abb. 197. Stumpfnaht. Festigkeit = 0,7

Abb. 198. Stumpfnaht mit Auflegedraht (Zier-). Festigkeit = 0,4

Abb. 199. Beidseitiges Aufschweißen von Bändern

Abb. 200. Aufgebördelte Stumpfnaht für Hohlkörper ohne Gegenelektrode. Festigkeit = 0,5

Abb. 193···200. Verschiedene Rollenschweißnähte und ihre Zerreißfestigkeit im Verhältnis zur Blechfestigkeit (Stahlblech)
s Blechdicke; $\ddot{u}$ Überlappung

werden. Wird an Stahlblech eine nicht sichtbare Naht verlangt, so kann diese überlappt verquetscht, schräg überlappt oder stumpfgeschweißt werden. Von den nicht sichtbaren ist die überlappt verpreßte „Quetschnaht" am haltbarsten (Abb. 194). Die Blechkanten müssen auf der ganzen Länge 1···0,8mal Einzelblechdicke überlappen. Der Erfolg der Schweißung ist durch die Gleichmäßigkeit der Überlappung bedingt, die höchstens 10% vom Sollwert, d. h. bei 1 mm Blech um höchstens 0,1 mm abweichen darf, und die nur durch genau geradlinig geschnittene Blechkanten und sorgfältiges Einspannen der Teile in Vorrichtungen einzuhalten ist. Während des Schweißens werden die Bleche unter der Kraft der Elektrodenrollen fast in eine Ebene gepreßt. Durch nachträgliches Kaltwalzen wird die Naht vollkommen unsichtbar. Die Nähte fallen dicht und porenfrei aus, so daß sie nach dem Walzen gut verzinkt und emailliert werden können. Muß nur die eine Seite der Schweißnaht sauber verquetscht sein, z. B. für das Emaillieren der Innenseite von Behältern, so kann die nach Abb. 195 ausgeführte Naht verwendet werden. In diesem Fall muß dann nur die eine Blechkante sorgfältig und geradlinig beschnitten werden. Die schräg überlappte Naht erfordert Schrägschleifen der Blechkanten vor dem Schweißen (Abb. 196). Die Nähte sind fest und dicht, aber ungeeignet für das Emaillieren, weil unter den spitzen Blechkanten unverschweißte Fugen bleiben. Stumpfnähte werden an allen nicht druckbeanspruchten Teilen der Blechindustrie angewendet (Abb. 197). Beim Stumpfstoß entsteht der Schweißdruck nur mittelbar, so daß die Stoßkanten gut passen und während des Schweißens fest gegeneinandergepreßt werden müssen. Nach dem Kaltwalzen oder Hämmern eignen sich die Stumpfnähte für das Verzinken und Emaillieren. In manchen Fällen empfiehlt sich das Aufschweißen eines Profildrahtes, der als Zierleiste die Naht verdeckt (Abb. 198). Auch das ein- oder beidseitige Aufschweißen von Bändern nach Abb. 199 ist viel in Anwendung. Der überschüssige Werkstoff zum Vollschweißen einer Naht kann auch durch Hochbördeln der Stoßkanten gewonnen werden. Derartige Nähte werden beim Nahtschweißen von Hohlkörpern ohne Gegenelektrode angewandt (Abb. 200). Vor dem Nahtschweißen muß die Lage der Werkstückteile zueinander durch Heftnähte oder durch Vorrichtungen festgelegt werden. Diese müssen die Teile so zusammenhalten und so geführt sein, daß sich der Schweißdruck gleichmäßig auf beide Teile auswirken kann.

45. Elektroden. Die meisten Schweißnähte sind zwischen einem Elektrodenrollen*paar* zu schweißen, von dem entweder beide Rollen mit gleicher Umfangsgeschwindigkeit angetrieben sind oder die eine als Schlepprolle nur vom Werkstück mitgedreht wird. Schlepprollen sollen möglichst zweiseitig in einer Gabel gelagert sein, da die einseitig gelagerten Kopfrollen leicht stocken (Abb. 201). Das Verhältnis von Rollen- zum Wellendurchmesser soll bei Schlepprollen möglichst groß sein und darf den Wert 2,5 keinesfalls unterschreiten. Der Schweißstrom wird der Elektrodenrolle durch die Gleitlager der Welle zugeführt. Diese stromführenden Gleitlager nutzen sich sehr ab und müssen

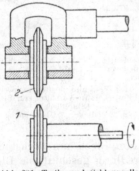

Abb. 201. Treib- und Schlepprolle
1 Treibrolle als Kopfrolle einseitig gelagert; *2* Schlepprolle in Gabel zweiseitig gelagert

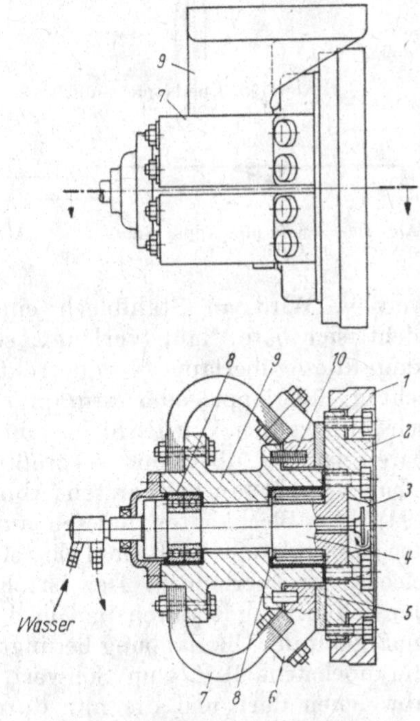

Abb. 202. Rollenelektrode für schwere Beanspruchung
1 Elektrodenring; *2* Ringträger; *3* Kühlungskammer; *4* Welle aus Stahl, nadel- und kugelgelagert; *5* Abnutzungskontaktstücke; *6* federnd angepreßte Kontaktträger; *7* biegsame Leiter; *8* Lagerisolation; *9* leitender Elektrodenkörper; *10* Kontaktdruckfedern

daher leicht auszuwechseln sein. Gute Kühlung der Elektrodenwellen erhöht die Lebensdauer der Lager. Für die Schmierung dieser Lager (nicht zu reichlich) hat sich Autoöl, bei gut geschlossenen Lagern mit Graphitzusatz, bewährt. Die Abnutzung der stromführenden Gleitlager vermeidet man durch Trennung der Lager und Stromzuführung.

Abb. 202 zeigt z. B. eine Schlepprolle für schwere Rollenpunktschweißung, bei der die Welle in Wälzlagern läuft. Der Schweißstrom wird durch federnd angepreßte Kontaktstücke dem Flansch zugeführt, an den die auswechselbare Rolle geschraubt ist. Neue Kontaktstücke können ausgetauscht werden, ohne daß die Wellenlagerung berührt wird. In vielen Fällen, z. B. beim Schweißen der Längsnähte rohrförmiger Hohlkörper wird die eine Elektrode als Dorn ausgebildet, auf dem das Werkstück während der Schweißung ruht. Bis etwa 200 mm Nahtlänge wird der Dorn auf einem Schlitten unter der nur rotierenden Elektrodenrolle hindurchgeführt (Dornschlittenmaschine, Abb. 203). Längsnähte an großen Werkstücken mit bis zu etwa 1,5 m

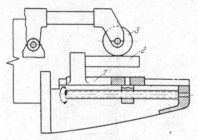

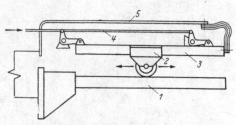

Abb. 203. Längsnahtschweißmaschine mit Dorn-schlitten-Elektroden

Schlitten *1* mit Elektrodendorn *2* bewegt sich unter der stillstehenden Elektrodenrolle *3*

Abb. 204. Längsnahtschweißmaschine mit Wanderrolle.

Die Elektrodenrolle im Schlitten *2* überfährt den stillstehenden Dorn *1*. Die Schlittenbahn ist im Parallelogramm-Gestänge *4* aufgehängt. Der Schweißstrom wird der Rolle durch Leitung *5*, Schlittenbahn *3* und Schlitten *2* zugeführt. Der Stromweg hat in jeder Rollenstellung die gleiche Länge

Nahtlänge werden auf einem stillstehenden Dorn von der in einem Schlitten geführten Elektrodenrolle überfahren (Wanderrollenmaschine, Abb. 204). Die Elektrodendorne werden aus Kupferrohr oder aus Bronzeträgern mit Kupfereinlage hergestellt und müssen wie alle Elektroden durch hindurchgeleitetes Wasser gut gekühlt werden. Für hochbeanspruchte Elektroden werden wärmebeständige Kupferlegierungen (vgl. Tab. 11) verwendet. Für die Rollen werden Scheiben oder Elektrodenringe benutzt, die zwischen Flanschen gefaßt und von innen unmittelbar vom Kühlwasser bespült werden.

Das notwendige *Drehmoment* wird auf die treibende Elektrodenrolle meist unmittelbar durch eine Welle mit Kardangelenken übertragen, bei größeren Maschinen auch mit einem Zahnradvorgelege im Rollenkopf. Durch den *Reibradantrieb* (Abb. 205) wird das Drehmoment auf den Rollenumfang übertragen. Dadurch bleibt die Rollengeschwindigkeit gleich, auch wenn der Durchmesser sich durch Abnutzung verringert. Ein oder mehrere Reibräder werden federnd auf die Rollenperipherie gepreßt und nehmen die Elektroden-

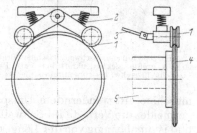

Abb. 205. Reibradantrieb der Elektrodenrolle

1 Reibräder; *2* Anpreßfedern; *3* Antriebswellen; *4* Elektrodenrolle; *5* Lager der Elektrodenrolle

rolle durch Reibung mit. In vielen Fällen wird das Reibrad gleichzeitig dazu benutzt, die Arbeitsfläche der Elektrodenrolle gleichmäßig zu erhalten, wenn sie sich durch Erhitzung und Druck verbreitern will.

46. Nahtschweißmaschinen. Auch der Aufbau der Nahtschweißmaschinen zeigt keine grundsätzlichen Abweichungen von demjenigen der Punktschweißmaschine. Im schwenkbaren Oberarm gelagerte Elektrodenrollen sind nur für leichte Maschinen geeignet. Bei schweren Maschinen ist die obere Elektrodenrolle parallelgeführt, damit sie ihre genaue Stellung über der Unterrolle auch bei wechselnden Elektrodenkräften einhält. Abb. 206 zeigt eine solche Maschine. Bei Längsnahtschweißmaschinen mit zwei Elektrodenrollen wachsen beim Einfahren von Werkstücken aus dickem Stahlblech die induktiven Verluste, wodurch der Schweißstrom während des Schweißens abnimmt. Bei Längsnahtschweißmaschinen mit Dornschlitten- oder Wanderrolleneinrichtung ändern sich auch noch die induktiven und Ohmschen Verluste im Schweißstromkreis durch das Verkürzen oder Verlängern des Schweißstromweges. Um auch über lange Nähte einen gleichbleibenden Schweißstrom einzuhalten, müssen daher derartige Maschinen mit Drosseln oder Stromreglern versehen sein, die der Verluständerung im Schweißstromkreis entgegenwirken.

Alle bei der Punktschweißmaschine besprochenen Schaltungen finden sich auch bei den Nahtschweißmaschinen wieder. Ebenso ist die Zahl der Rollennahtschweißmaschinen für Sonderzwecke sehr groß. Die Doppelrollennahtschweiß-

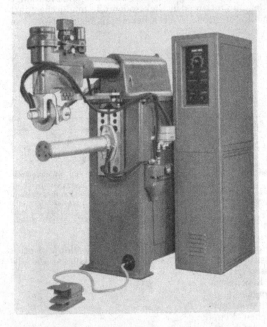

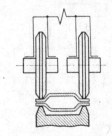

Abb. 207. Gleichzeitiges Schweißen zweier Nähte

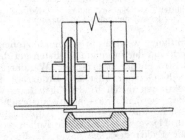

Abb. 206. Rollennahtschweißmaschine (Brown-Boveri):
60 kVA, größte Elektrodenkraft bei 5 atü Preßluft 300 kp,
Schweißgeschw. bis zu 4 m/min stufenlos einstellbar

Abb. 208. Schweißen einer Naht, Stromzuführung
durch die zweite Rolle

Abb. 207 u. 208. Doppelrollennahtschweißmaschine
mit gleichbleibenden Verlusten im Schweißstromkreis bei beliebiger Nahtlänge

maschine mit wanderndem Umspanner z. B. vermeidet die Verluste im Schweißstromkreis und ist unabhängig von der Länge der Naht. Unter der Doppelrolle werden entweder zwei Nähte gleichzeitig geschweißt (Abb. 207) oder die eine Rolle wird bei verringerter Stromdichte nur als Stromzuführungsrolle benutzt, während die andere eine Naht schweißt (Abb. 208). Soll die Nahtleistung einer Schweißmaschine über diejenige Leistung gesteigert werden, die aus schweißtechnischen Gründen (Punktzeit und Punktabstand) mit einem Rollenpaar erreicht werden kann, so läßt man mehrere Rollen gleichzeitig auf dieselbe Naht arbeiten. Hat die Naht begrenzte Länge, so weist man jeder einzelnen Rolle einen Teil der Naht zu (Abb. 209). Hat die Naht unbegrenzte Länge, wie z. B. beim Schweißen endloser Rohre oder Bänder, so werden die Punkt- und Rollenabstände so gelegt, daß die einzelnen Rollen „auf Lücke" arbeiten und erst unter der letzten Rolle die Naht vollständig geschlossen

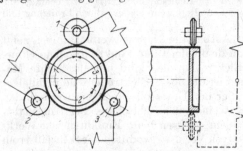

Abb. 209. Zwei- bzw. Dreirollennahtschweißmaschine
Jede Rolle schweißt die Hälfte bzw. ein Drittel des Umfanges,
der einzuschweißende Boden bildet die Mittelelektrode

wird. Für das Nahtschweißen von Rohren werden Maschinen gebaut, die in einem Zuge das Rohr aus einem Band walzen und die Längsnaht unter einer Elektrodendoppelrolle, die gleichzeitig den Schweißumspanner enthält, verschweißen (Abb. 210). Eine Innenelektrode wird bei diesem Verfahren nicht angewendet, sondern der erforderliche Schweißdruck wird durch zwei Druckrollen erzeugt. Schließlich seien auch noch die Ringnahtschweißmaschinen mit Torkelelektroden erwähnt (Abb. 211), auf denen kreisförmige Nähte, z. B. zum Einschweißen von Stutzen oder Nippeln in Bleche erzeugt werden.

Es ist unmöglich, im Rahmen dieses Buches über die vielseitige Anwendung der Nahtschweißung erschöpfend zu berichten. Als extremer Fall

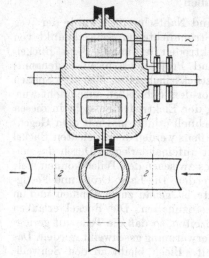

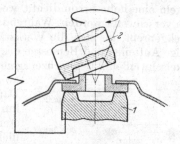

Abb. 210. Rohrnahtschweißmaschine
Der Stoß wird durch den Ringumspanner *1* erhitzt, die Rollen *2* erzeugen den Schweißdruck

Abb. 211. Torkelnahtschweißmaschine
Die Ringnaht eines Stutzens wird zwischen der feststehenden Elektrode *1* und der Torkelelektrode *2* geschweißt, die sich um einen Kegel auf der Naht abwälzt

für eine primitive Nahtschweißung sei das Schweißen von 0,02 mm rostfreiem Stahl bei der Herstellung von Isoliermatten aus Glaswolle erwähnt. Dabei werden die Nähte mit Handelektroden geschweißt, deren Rollen etwa einem Kupferpfennig entsprechen und denen konstanter Wechselstrom zugeführt wird. Natürlich können nur geringe Ansprüche an die Gleichmäßigkeit und gar keine Forderungen an die Dichtheit dieser Nähte erfüllt werden.

Bei allen Nahtschweißmaschinen mit Stromsteuerung verfolgt man beim Einstellen für den einzelnen Punkt der Naht die gleichen Grundsätze wie beim Punkt-

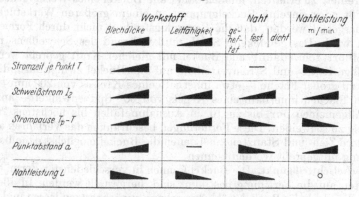

	Werkstoff		Naht			Nahtleistung
	Blechdicke	Leitfähigkeit	geheftet	fest	dicht	m/min
Stromzeit je Punkt T	◢	◣	—			
Schweißstrom I_2	◢	◢	◢			◢
Strompause $T_p - T$	◢	◢	◢			◣
Punktabstand a	◢	—		◢		◣
Nahtleistung L	◣	◣	◣			○

Abb. 212. Übersicht über die Zusammenhänge beim Nahtschweißen

schweißen. Je kürzer die Stromzeit für den einzelnen Punkt bemessen werden kann, desto höher wird die Nahtleistung und desto geringer der Verbrauch an elektrischer Arbeit. Wärmeempfindliche Stoffe sind mit kürzester Stromzeit und genügend langen Strompausen zu schweißen, um Schädigungen durch Überhitzung zu vermeiden. Der Punktabstand soll so groß wie möglich gewählt werden, um die Nahtleistung nicht unnötig zu verringern. Abb. 212 zeigt eine Übersicht über die beschriebenen Zusammenhänge.

C. Buckelschweißen

47. Buckelschweißverfahren. Beim Punkt- und Nahtschweißen wurde der Weg des Schweißstromes im Werkstück und die Stromdichte im Schweißpunkt von außen durch die Berührungsflächen der Elektroden bestimmt. Beim Buckelschweißen (auch Warzen-, Dellen-, Relief- und Projektionsschweißen genannt) muß dagegen der Strom zwischen den Werkstückteilen selbst über die Spitzen kleiner Buckel fließen, die an dem einen Teil vor dem Schweißen angebracht wurden (vgl. Abb. 9). Unabhängig von der Form der Elektroden entsteht in diesen Buckeln eine hohe Stromdichte, wodurch sie schnell erhitzt und mit dem Gegenblech verschweißt werden. Während des Schweißens werden die erweichten Buckel zurückgepreßt, bis sich die Werkstückteile satt aufeinanderlegen. Durch das eindeutige Aufteilen und Bemessen des Stromweges zwischen den Teilen können viele Buckelschweißpunkte gleichzeitig geschweißt werden. Die Lage, Größe und Festigkeit der Punkte ist genau zu bestimmen und im Dauerbetrieb einzuhalten. Die Buckel erlauben kurze Schweißzeiten, so daß die Teile mit geringster Allgemeinerwärmung geschweißt werden. Das nicht gebuckelte Blech bleibt an den Schweißpunkten vollkommen glatt, und auch die zurückgepreßten Buckel sehen nach dem Schweißen „gewollt" und gleichmäßig sauber aus (Abb. 213). Die Elektroden erhalten große Arbeitsflächen mit geringen Flächenpressungen, lassen sich gut kühlen und nutzen sich kaum ab. Das Buckelschweißen ist daher das ideale Schweißverfahren für alle Massenteile, die durch mehrere Schweißpunkte maßhaltig verbunden werden sollen.

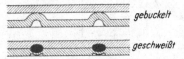

gebuckelt

geschweißt

Abb. 213. Buckelschweißen zweier Bleche

Während beim Punktschweißen schon vor und während des Schweißens die Teile fest aufeinanderliegen, bewegt sich das gebuckelte Teil während des Schweißens um die Buckelhöhe zum Gegenstück hin. Um dem Teil die erforderliche Bewegungsfreiheit zu erhalten, müssen daher alle Buckel eines Werkstückes zugleich verschweißt oder einzelne Buckelgruppen an einem größeren Werkstück so weit auseinandergelegt werden, daß die Bewegungsfreiheit nicht durch Formsteifigkeit behindert wird. Das gebuckelte Stück muß während des Schweißens möglichst parallelgeführt sein, damit alle Buckel mit gleicher Kraft gepreßt werden. Die gleichmäßige Kraft- und Stromverteilung auf alle Buckel zwingt dazu, die Buckel auf nicht zu großer Fläche — etwa innerhalb eines Kreises von 200 mm ⌀ und bei gewölbten Flächen innerhalb eines Kegels von 60° Spitzenwinkel — anzuordnen und im allgemeinen nur bis zu 10, in Ausnahmefällen bis höchstens 20 Buckel gleichzeitig zu schweißen. Diese Forderungen beschränken das Verfahren auf kleine und mittlere Zieh- und Stanzteile, bei denen die Buckel möglichst ohne besonderen Arbeitsgang mitgepreßt werden können.

48. Buckelschweißpunkt. Die Buckel können in verschiedenster Form, die durch Rücksichten auf die Fertigung bestimmt sind, hergestellt werden. In allen Fällen müssen sich jedoch die Buckel möglichst schwer zurückpressen lassen und während des Schweißens recht große Stauchkräfte auf ihre Umgebung übertragen. Aus Blechteilen bis etwa 4 mm Dicke wird der einzelne Buckel in Form einer Kugelkappe gezogen. Das Werkzeug zum Ziehen dieser Buckel besteht zweckmäßig aus einem Prägestempel mit stumpfer Kegelspitze (Abb. 214), dem als Matrize nur eine Bohrung mit dem Durchmesser des Buckels gegenübersteht. Dieses Werkzeug läßt sich leicht instand halten. Das Einarbeiten der Buckelform selbst in die Matrize ist nicht zu empfehlen, da die kleine Vertiefung leicht verschmutzt und die Buckel dann unsauber ausfallen. Bewährte Mittelwerte für die Buckeldurchmesser und -höhen mit dem zugehörigen günstigsten Abstand der Buckel für Tief-ziehblech sind in Tab. 15 zusammengestellt. Richtwerte für die günstigsten Stromzeiten, Schweißströme und Elektrodenkräfte sind in Tab. 16 angegeben. Die Zahlen sind Mittelwerte für das Verschweißen einzelner Buckel. Bei mehreren Buckeln sind diese Werte in der Regel mehr als nur linear zu vervielfachen.

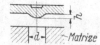

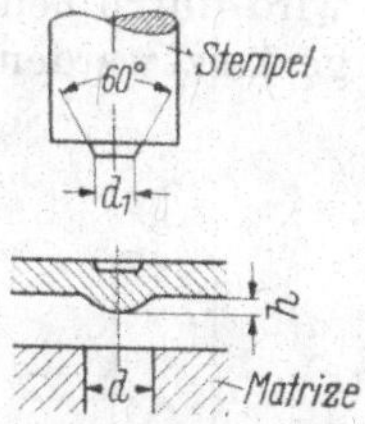

Bei sehr sorgfältiger Vorbereitung der Teile haben sich in der Praxis auch schon etwas niedrigere Buckel bewährt. Dabei muß man allerdings in Kauf nehmen, daß nicht jeder Punkt bindet, weil sich die unvermeidlichen Höhenunterschiede der Buckel bei niedrigeren Buckeln mehr auswirken, als bei höheren. Beim Verschweißen von nur einem oder zwei Buckeln an ein-fachen Teilen kommt man oft mit kleineren Kräften und Leistungen aus. Bei großen formsteifen Teilen sind dagegen oft wesentlich höhere Elektrodenkräfte und längere Stromzeiten er-forderlich. Größere, so-wie länglich gezogene Buckel erhöhen die Trag-fähigkeit der Verbin-dung, verlangen jedoch infolge ihrer breiteren Auflage höhere Schweiß-ströme und Elektroden-kräfte (Abb. 215). Oft

Abb. 214. Buckelform für Bleche bis 4 mm Dicke und dafür nöti-ges Werkzeug

Tabelle 15. *Richtwerte für Rundbuckel* (s. hierzu auch Abb. 214)

Blechdicke s mm	Buckel-durchmesser d mm	Buckelhöhe h mm	Stempel Durchmesser d_1 mm
0,5	2,0	0,5	0,8
0,75	3,0	0,6	1,2
1,0	4,0	0,8	1,5
1,5	4,5	0,9	1,7
2,0	5,0	1,0	2,0

Tabelle 16. *Richtwerte zum Buckelschweißen von blanken Stahlblechen (bis max. 0,3% C)*

Einzel-Blechdicke mm	Buckel-durchmesser mm	Strom-zeit Per.	Sekundär-Schweißstrom A	Elektroden-kraft kp	Schweißpunkt-durchmesser mm
0,5	2,0	4	4000	50	3,5
0,75	3,0	6	5500	65	5
1,0	4,0	10	6500	120	7
1,5	4,5	12	7000	200	8
2,0	5,0	14	8500	250	9

läßt der Platz am Werkstück oder im Werkzeug das Anbringen gezogener Buckel nicht zu. Dann hilft man sich mit geschnittenen länglichen Buckeln (Abb. 216), die an ihren Schmalseiten noch mit dem Blech zusammen-hängen. An Preß- und Schmiedeteilen werden die Buckel als dachartig ausgepreßte Erhöhungen vorgesehen (Abb. 217). An Stanzteilen werden die Buckel entweder beim Ausstanzen oder durch Anschneiden und Aufstauchen des losgeschnittenen Werkstoffes erzeugt (Abb. 218···220). Die Buckelformung durch spanabhebende Bearbeitung be-schränkt sich bis auf wenige Ausnahmen auf Drehteile (Abb. 221 u. 222). Kegelstumpfbuckel können auch mit einer Rille versehen werden (Abb. 222), wenn besonders sauberes Aussehen der Schweißstelle verlangt wird. Infolge der konzentrierten Wärmeentwicklung im Schweißpunkt läßt das Buckelschweißen auch große Unterschiede in der Masse der Werkstückteile zu. Alle Buckel eines Werkstückes müssen gleich hoch sein, damit

Abb. 215. Lang, gezogen. 0,5···2,5 mm Blechdicke

Abb. 216. Lang, geschnitten. 2···5 mm Blechdicke

sie möglichst gleichmäßig auf dem Gegenstück aufliegen. Die Lage von solchen Teilen, die sich während des Schweißens nicht durch Vorrichtungen halten lassen, wird durch Zentrierbutzen gesichert, die aus dem gebuckelten Blech fast herausgestanzt werden und in entsprechende Löcher des Gegenstückes eingreifen (Abb. 223).

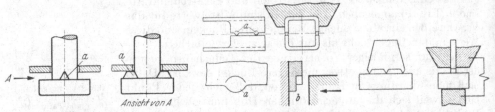

Abb. 217. Gepreßte Buckel für Schmiedeteile, z. B. Einschweißen von Bolzen in Bleche. *a* Buckel, beim Gesenkschmieden des Kopfes hergestellt

Abb. 218. Gestauchte Buckel, z. B. aus zwei U-förmig gebogenen Blechen buckelgeschweißter Stangenkopf

a Buckel; *b* Herstellung der Buckel

Abb. 219. Gestanzte Dachbuckel, z. B. hochkant Aufschweißen eines Bleches auf einen Klotz

Abb. 217···219. Beispiele für spanlos gebildete Buckel

Von den schweißbaren Werkstoffen eignen sich für das Buckelschweißen die schmiedbaren Stähle, z. B. Tiefziehblech, am besten. Aber auch das Schweißen verzunderter Teile wird durch das Buckelschweißen sehr erleichtert, weil schon beim Ziehen der Buckel die Zunderschicht an einem Blech zerstört und auch die Zunderschicht des Gegenbleches von

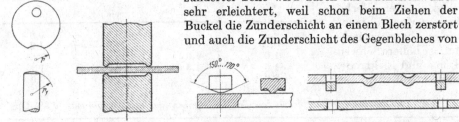

Abb. 220 Schlüsselgriff mit Schlüsselschaft. Griff gestanzt, Schaft gedreht, Buckelbildung durch $r < r_1$

Abb. 221. Ringbuckel, gedreht, z. B. gleichzeitiges vakuumdichtes Anschweißen zweier Rundeisen an ein Blech (nach dem Schweißen Bohrung)

Abb. 222. Gedrehter Kegelstumpfbuckel, z. B. Anschweißen eines Zapfens an ein Flacheisen, ohne oder mit Randrille

Abb. 223. Zentrierbutzen sichern die Lage der Teile beim Buckelschweißen

Abb. 220···222. Beispiele für spangebend geformte Buckel

den Buckeln durchgedrückt wird. Es entstehen so eindeutige und nebenschlußfreie Wege für den Schweißstrom. Werkstoffe, die unmittelbar vom festen in den flüssigen Zustand übergehen, sind für das Buckelschweißen weniger gut geeignet. Beim Verschweißen verschiedener Werkstoffe werden die Buckel in dem Teil mit höherem Schmelzpunkt angeordnet.

Buckelschweißungen erfordern starke Schweißströme und kurze Stromzeiten. Die Elektrodenkraft muß vor dem Einschalten des Schweißstromes so hoch sein, daß alle Buckelspitzen zum Anliegen kommen, jedoch nicht verformt werden. Während des Stromdurchflusses wird der Druck schnell gesteigert, um die erhitzten Buckel zu verschweißen und gut zu verpressen (vgl. Abschn. 12). Die Stromzeit soll so kurz wie möglich, jedoch wenigstens so lang sein, daß die Buckel ganz zurückgepreßt und die Werkstückteile satt aufeinandergelegt werden. Je nach der Masse und Formsteifigkeit der Teile liegen die Stromzeiten zwischen etwa 3 Perioden und 1 Sekunde. Beim Einlegen der Teile von Hand werden 10···20 Stücke, bei selbsttätiger Zuführung bis zu 60 Werkstücke je Minute geschweißt.

Die Buckelschweißelektroden ähneln den Stanz- oder Prägewerkzeugen. Auf je einem Werkzeugfuß, der an die obere und untere Spannfläche der Maschine geschraubt wird, sitzen leicht auswechselbar und gut gekühlt die Elektroden aus Elektrolytkupfer oder Elektrodenbronze. Die richtige Lage der Werkstückteile wird durch Anschläge und Haltevorrichtungen gesichert. Dabei sind natürlich die elektrischen Forderungen, Vermeiden von Nebenschluß und größeren Eisenteilen in der Nähe des Stromweges, zu beachten. Liegen alle Buckel innerhalb einer Fläche von etwa 30 mm ⌀,

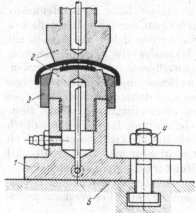

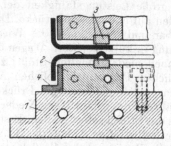

Abb. 224. Buckelschweißwerkzeug mit Flächenelektroden für kleines Werkstück

1 Elektrodenfuß; *2* Elektroden; *3* Zentrierring aus Isolierstoff; *4* Spannschraube; *5* Tisch der Buckelschweißmaschine

Abb. 225. Buckelschweißwerkzeug mit Einsatzelektroden für ein großes Werkstück

1 Elektrodenfuß; *2* Elektrode aus Kupfer; *3* eingelötete Elektrodeneinsätze; *4* Anschlag aus Isolierstoff

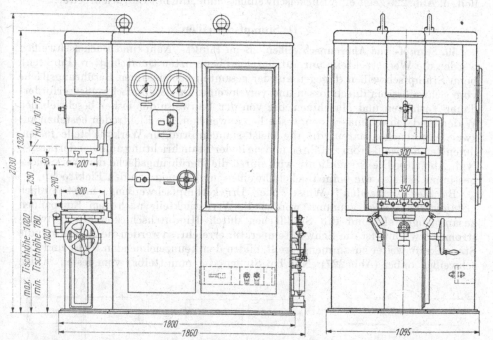

Abb. 226. Große hydraulische Buckelschweißmaschine (Siemens). Transformatorleistung dauernd 120 kVA; höchstens 600 kVA, Sekundärstrom höchst. 100 kA, größte Preßkraft (Elektrodenkraft) 4000 kp

so wird die Elektrodenfläche im ganzen dem Werkstück angepaßt (Abb. 224). Bei weiter auseinanderliegenden Buckeln wird in der Ober- und Unterelektrode für jeden Buckel ein um 2···3 mm erhöhtes Flächen- oder Einsatzelektrodenpaar von

7 Brunst/Fahrenbach, Widerstandsschweißen, 3. Aufl.

etwa 8··· 10 mm ∅ vorgesehen (Abb. 225). Sorgfältig gearbeitete, gut passende und gut gekühlte Buckelschweißelektroden können viele Tausende von Schweißungen ohne jede Nacharbeit aushalten.

49. Buckelschweißmaschinen. Diese Maschinen müssen hohe Elektrodenkräfte ohne Auffedern des Maschinengestelles aufnehmen können, damit die Arbeitsflächen während der Arbeit ihre Parallelität behalten. Sie werden daher wie Pressen mit Tisch und Spannfläche gebaut, auf denen die Elektrodenfüße mit Spanneisen in T-Nuten befestigt, und daher auch häufig als Schweißpressen bezeichnet werden.

Die große Leistungsfähigkeit der Buckelschweißmaschinen erfordert häufiges Umstellen auf andere Werkstücke. Die Maschinen sind daher in weiten Bereichen einstellbar und ermöglichen das Wiedereinrichten einer einmal gefundenen Besteinstellung in kürzester Zeit. Wegen der großen Gefährdung des Schweißers durch den schnell niedergehenden Stößel zeigen Buckelschweißmaschinen stets die im neuzeitlichen Pressenbau üblichen Arbeitsschutzeinrichtungen: Das Arbeitsspiel kann nur durch gleichzeitiges Drücken zweier Handdruckknöpfe eingeleitet werden. Während des gefährlichen Niederganges bleibt nach Loslassen nur eines Druckknopfes der Stößel sofort stehen. Erst nach völligem Schließen des Werkzeuges beginnt der selbsttätige Ablauf der Schweißung.

Für die Bewegung des Stößels und die Erzeugung der Elektrodenkraft findet man auch in den Buckelschweißmaschinen mechanische, Luft- und Öldrucktriebe. Für die Steuerungen gelten alle bereits in den Abschn. I. E ausgeführten Einzelheiten. Abb. 226 zeigt eine Buckelschweißmaschine, die mit Öldruck arbeitet.

D. Stumpfschweißen

50. Stumpf- und Abbrennschweißen. Beim Punkt-, Naht- und Buckelschweißen werden die Werkstückteile nur auf einzelnen begrenzten Querschnitten (Punkten), beim Stumpfschweißen dagegen auf der gesamten gemeinsamen Berührungsfläche vom Schweißstrom durchflossen und verschweißt. Das Stumpfschweißen erfordert daher Verfahren und Maschinen, die von der Bauweise der bisher beschriebenen Widerstandsschweißmaschinen wesentlich abweichen. Die Elektroden bestehen aus zwei Spannbackenpaaren, die die meist stangenförmigen Werkstückteile fassen, ihnen den Schweißstrom zuführen und sie in der Stauchrichtung aufeinanderpressen (vgl. Abb. 10). Die Stromdichte wird durch die Berührungsfläche der Werkstücke bestimmt, ist also wie beim Buckelschweißen unabhängig von den Elektroden.

Bei der „ruhenden" Wulst- oder Druckstumpfschweißung, meist einfach „*Stumpfschweißung*" genannt, werden die Werkstückteile nach dem Einspannen zusammengepreßt und die Stoßflächen durch Hindurchschicken des Schweißstromes erwärmt. Ist die Schweißtemperatur erreicht, so werden die Teile durch die Stauchkraft weiter zusammengepreßt, bilden den kennzeichnenden Wulst und verschweißen dabei (Abb. 227). Nur bei Stoffen, die unmittelbar vom festen in den

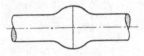 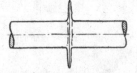

Abb. 227. Stumpfschweißung von   Abb. 228. Stumpfschweißung von   Abb. 229. Abbrennschweißung
Stahl   Bunt- und Leichtmetallen

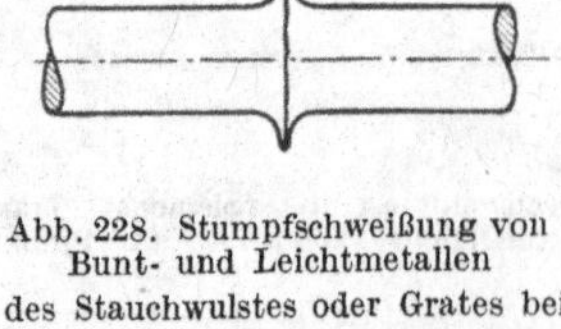

Abb. 227···229. Verschiedene Form des Stauchwulstes oder Grates beim Stumpf- und Abbrennschweißen

flüssigen Zustand übergehen (Bunt- und Leichtmetalle), entsteht auch bei der ruhenden Stumpfschweißung an der Schweißstelle ein unregelmäßiger, zackig verlaufender

Grat (Abb. 228). Damit in allen Teilen des Schweißquerschnittes gleiche Stromdichte herrscht und gleiche Wärmemengen erzeugt werden, müssen bei der Stumpfschweißung die Stoßflächen der Werkstückteile genau aufeinander passen. Wegen der gleichmäßigen Wärmeverteilung ist die Stumpfschweißung auch nur für volle, z. B. kreisförmige oder quadratische Querschnitte geeignet. Sie wird heute nur noch für kleine Querschnitte bis 150 mm² an kohlenstoffarmen Stählen und in einer Reihe von Sonderfällen für Stähle und NE-Metalle angewendet.

Beim *Abbrennschweißen* werden die Stoßflächen nicht bearbeitet und zunächst mit geringer Kraft zusammengebracht, so daß sie sich nur auf kleinen Flächenteilen berühren. Infolge der hohen Stromdichte werden diese Stellen sehr schnell erwärmt. Es entstehen Strombrücken aus flüssigem Metall, die schließlich unter Bildung eines Abschaltfeuers zerstört und aus der Stoßfuge herausgeschleudert werden. Durch abwechselndes Öffnen und Schließen der Stoßstelle unter Spannung wiederholt sich diese Erscheinung in schneller Folge und breitet sich allmählich gleichmäßig auf die gesamte Stoßfläche aus. Beide Stoßflächen überziehen sich mit einer Haut aus flüssigem Metall, die durch das fortlaufende Bilden und Herausschleudern weiterer Strombrücken ständig erneuert wird. Das Werkstück wird laufend nachgeschoben, bis sich nach einer gewissen Zeit die Stoßflächen ganz gleichmäßig erwärmt haben. Durch kräftiges, schlagartiges Zusammenpressen der Schweißstelle werden alle flüssigen Metallteile aus der Fuge herausgeschleudert und die völlig sauberen Stoßflächen der Werkstückteile miteinander verschweißt. Gleichzeitig oder nur wenig später wird der Schweißstrom ausgeschaltet.

Für das Erwärmen der Werkstückteile bis zur Schweißtemperatur werden zwei Verfahren benutzt: Beim *warmen* Abbrennen werden die Teile zunächst fest zusammengepreßt, mit einem schwächeren Strom *vorgewärmt* und dann erst durch Abbrennen auf die Schweißtemperatur gebracht. Dieses Verfahren wird besonders bei großen, vollen Querschnitten angewendet und hat den Vorteil, daß die Schweißtemperatur mit einer kleineren elektrischen Leistung erreicht werden kann als beim vergleichbaren kalten Abbrennen. Außerdem wird beim warmen Abbrennen der Temperatursprung von der Schweißfuge in das volle Werkstück gemildert. Erst wenn die Stirnflächen Temperaturen erreicht haben, bei denen ein gleichmäßiges Abbrennen aufrecht erhalten werden kann (etwa dunkle Rotglut), wird die Maschine auf Abbrennen umgeschaltet. Beim *kalten* Abbrennen wird die kalte Stoßstelle ohne Vorwärmung nur durch den Abbrennvorgang auf die Schweißtemperatur gebracht. Das kalte Abbrennverfahren kann bei vollen Querschnitten bis etwa 5000 mm² angewendet werden. Alle dünnwandigen und unregelmäßigen Profile müssen nach dem kalten Abbrennverfahren geschweißt werden, damit kühler, noch fester Werkstoff unmittelbar an die erhitzte Stirnfläche grenzt und die hohe Stauchkraft beim Schweißen ohne Verformung des Werkstückes aufnehmen kann.

Das Abbrennschweißen arbeitet schneller und wirtschaftlicher als das ruhende Stumpfschweißen, gestattet auch das Verschweißen ganz ungleicher Querschnitte und verhütet durch die „Selbstreinigung" der Stoßfuge Oxydbildung und Schlackeneinschlüsse in der Schweißstelle. Um die Schweißstelle legt sich nur ein Grat aus Metall und Schlacke, der leicht zu entfernen ist (Abb. 229). Alle Stahlquerschnitte über etwa 200 mm² werden daher heute nach dem Abbrennverfahren stumpfgeschweißt.

Bei Bunt- und Leichtmetallen tritt ein Abbrennen nur bei einigen Legierungen mit hohem elektrischem Widerstand auf. Größere Querschnitte von NE-Metallen werden meist mit so hohen Strömen stumpfgeschweißt, daß wohl oft Metall geschmolzen und aus der Stoßfuge geschleudert wird, die Stoßflächen aber unmittelbar danach und ohne weiteres Arbeitsspiel zusammengepreßt und verbunden werden.

51. Druck, Strom und Zeit. Die Stauchkraft wird beim Stumpfschweißen durch Handkraft oder Gewichte, bei kleinsten Maschinen auch durch Federkraft erzeugt. Unter der Wirkung der Stauchkraft wird während des Verschweißens das Werk-

7*

stück um den „Stauchweg" verkürzt und dabei der Querschnitt der Schweißstelle wulstförmig vergrößert. Der Stauchweg wird vielfach zum Steuern des Stumpf-

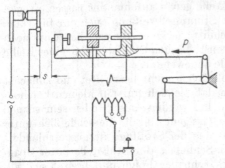

schweißvorganges ausgenutzt (vgl. Abb. 230). Nach dem Aufeinanderpressen der Werkstückteile mit der geeigneten Stauchkraft wird der Schweißstrom eingeschaltet. Wenn die Schweißstelle genügend erwärmt ist, wird sie durch die Wirkung der Stauchkraft P zusammengepreßt. Dabei bewegt sich der Stauchschlitten und schaltet schließlich den Strom ab, wenn der eingestellte Stauchweg s zurückgelegt ist. Voraussetzung für den Erfolg dieses Verfahrens sind glatt bearbeitete Stoßflächen, da z. B. schon ein Grat an der Stoßfläche

Abb. 230. Unterbrechen des Schweißstromes nach einer Stauchung *s* beim Stumpfschweißen

den wirksamen Stauchweg verkürzen und dadurch die Erwärmungszeit herabsetzen würde. Der Stauchdruck sollte bei kohlenstoffarmen Stählen mindestens 3, bei legierten Stählen entsprechend ihrer Festigkeit 5 ··· 10 und bei NE-Metallen 0,5 ··· 1 kp/mm² betragen.

Der Schweißstrom ist beim Stumpfschweißen nur so weit zu steigern, daß noch keine Feuererscheinungen entstehen. Beim Abbrennen sind nur etwa die Hälfte der beim Stumpfschweißen üblichen Stromstärken, jedoch bei wesentlich höheren Elektrodenspannungen, erforderlich. Die Stromzeiten sind beim Stumpf- und Abbrennschweißen nur von den Querschnitten abhängig und können durch die Höhe des Schweißstromes nur wenig beeinflußt werden.

Beim Abbrennschweißen wird das Werkstück um den Abbrennweg und um den Stauchweg gekürzt. Der Abbrennweg muß so lang sein, daß die erforderliche Temperatur sich gleichmäßig über die beiden Stoßflächen verteilt. Die Stirnflächen sind im allgemeinen dann genügend für eine gute Schweißung erhitzt, wenn bei kontinuierlichem Vorschub des Stauchschlittens der Abbrennvorgang stetig wird. Ist dieser Zustand erreicht und für einen gewählten Schlittenweg aufrecht erhalten worden, dann findet sich unter einer dünnen Haut flüssigen Metalles an den Stirnflächen eine dünne Lage teigig erhitzten Stoffes, der beim Stauchen verschweißt wird. Um das flüssige Metall schnell und sicher aus der Fuge zu quetschen, muß die Stauchkraft schlagartig einsetzen. Darüber hinaus muß die Stauchkraft genügend groß sein, um die Stoßflächen zu verschweißen. Der Stauchweg ist beim Abbrennschweißen relativ kurz, weil nur die Oberflächen des Stoßes in geringer Tiefe auf den teigigen Zustand erhitzt sind.

Wenn das fertig geschweißte Werkstück ein bestimmtes Längenmaß einhalten soll, kann nach genügender Verfestigung die Schweißstelle durch einen schwächeren Strom noch einmal angewärmt und weiter gestaucht werden. Auch eine Wärmenachbehandlung ist auf diese Weise möglich und wird besonders bei legierten Stählen angewendet. Oft wird dabei das Werkstück mit größerem Abstand der Spannbackenpaare neu eingespannt und so eine weitere Umgebung der Schweißstelle erwärmt, um Werkstoffspannungen auszugleichen, die durch den scharfen Temperaturabfall von der Stoßstelle in den kalten Werkstoff entstehen können. Bei all diesen Arbeitsspielen ist zu beachten, daß die zum Schweißen angewendete hohe Stauchkraft erst gelöst werden darf, wenn die Schweißstelle genügend Festigkeit durch Abkühlung erreicht hat.

a) Nur bei kleinen Maschinenleistungen bis höchstens 3000 mm² kann die Stauchkraft von Hand erzeugt werden (Abb. 231). Für größere Leistungen werden fast immer mechanische oder hydraulische Kraftantriebe vorgesehen, selbst wenn das richtige Erhitzen durch Ruhestrom oder Abbrennen auch noch der Geschicklichkeit des Schweißers überlassen bleibt. Abbrennschweißungen von gleichbleibender Güte können in der Fertigung nur erwartet werden, wenn der Abbrennvorgang selbst genau geführt und von Stück zu Stück eingehalten wird. Deswegen findet man im Fertigungsbetrieb fast nur noch die selbsttätige Abbrennschweißmaschine.

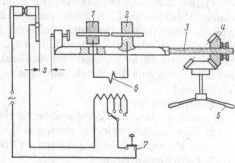

Abb. 231. Handbetätigte Abbrennstumpfschweißmaschine

1 feste Spannbacken; *2* bewegliche Spannbacken; *3* Spindel für Schlittenbewegung; *4* Getriebe; *5* Handrad für Schlittenbewegung; *6* Transformator; *7* Schalter „Ein"; *8* Stauchweg

b) Kurvengesteuerte Abbrennschweißmaschinen werden für das Schweißen großer Stückzahlen gleicher Werkstücke benutzt. Bei diesen Maschinen wird der günstigste zeitliche Verlauf des Abbrennvorganges für ein bestimmtes Werkstück durch Versuche ermittelt. Eine annähernde Berechnung des konstanten Schlittenvorschubes während des stetigen Abbrennens eines Werkstückes ist möglich [*18, 18a*]. Dabei setzt man die Wärmewerte der angewendeten elektrischen Leistung und der in der Zeiteinheit verflüssigten Werkstoffmenge gleich. Dieser Endzustand wird erst nach genügender Anwärmung der Stoßstelle erreicht, woraus sich eine Steigerung der Vorschubgeschwindigkeit während des Einspielens des Abbrennvorganges ergibt (Abb. 232). Das so gewonnene Weg-Zeit-Diagramm wird durch eine Kurve (Abb. 233) auf den

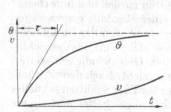

Abb. 232. Zur Erläuterung des Abbrennvorganges

Temperatur Θ und Abbrenngeschwindigkeit v in Abhängigkeit der Zeit t

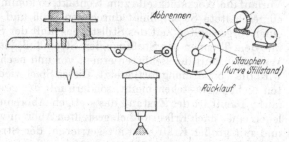

Abb. 233. Zwangläufiges Abbrennen durch Kurve, Stauchen durch Kniehebel mit Preßluft

Stauchschlitten übertragen. Am Ende des Abbrennweges kann die Kurve mit einem kurzen, steilen Anstieg versehen werden, durch den die Schweißstelle bei gleichzeitigem Abschalten des Stromes plötzlich gestaucht wird. Es ist jedoch besser, die Stauchkraft durch mechanische Mittel aufzubringen, die unabhängig von der Kurve wirken und nach Zurücklegen des eingestellten Abbrennweges ausgelöst werden. Abb. 233 zeigt das Grundsätzliche dieser Anordnung: Die Abbrennbewegung wird durch gleichmäßigen Umlauf der motorgetriebenen Kurve erzeugt. Am Ende des Abbrennweges wird durch einen Schalter der Weg für Preßluft oder Drucköl in den Zylinder freigegeben und die gewünschte Stauchkraft erzeugt. Kurvengesteuerte Abbrennschweißmaschinen sind praktisch, wo große Stückzahlen gleicher Werkstücke zu verschweißen sind. Man findet dieses Verfahren daher viel in der Blechfertigung, z. B. im Autobau (Abschn. 54). Die Werkstücke müssen sorgfältig vorbereitet sein, da die kurvengesteuerte Maschine keine Möglichkeit zum Ausgleichen von Maßungenauigkeiten bietet.

c) Bei den vollselbsttätigen Abbrennschweißmaschinen verläuft der gesamte Abbrenn- und Stauchvorgang nach einem einmal eingestellten Programm. Für die wesentlichen Einflußgrößen sind die Werte durch Erfahrung ermittelt und für die verschiedenen Werkstoffe und Querschnitte in Tabellen zusammengestellt. Selbst Einzelstücke und geringe Stückzahlen können so wirtschaftlich geschweißt werden, wenn nur die Betriebsanweisung richtig befolgt wird. Die wesentlichsten Werte sind:

1. Stromstufen für
   a) Vorwärmen, b) Abbrennen, c) Nachwärmen.
2. Vorschubgeschwindigkeiten und -kräfte des Schlittens für
   a) Vorwärmen, b) Abbrennen, c) Stauchen.
3. Schlittenwege für
   a) Abbrennen, b) Nachstauchen, c) Vor- und Rücklauf.
4. Haltezeiten für
   a) Vorwärmpulse, b) Stauchkraft.

Für das vollautomatische Abbrennen besteht die wesentliche Aufgabe der Steuerung darin, die zur Berührung gebrachten Werkstücke so lange immer wieder auseinanderzuziehen, bis mit dem Beginn des stetigen Abbrennens ein konstanter Schlittenvorschub einsetzt. Hierfür können zwei Kennwerte herangezogen werden: die *Stromaufnahme* der Maschine oder die von dem Stauchschlitten ausgeübte *Kraft*.

Beim *stromabhängig* gesteuerten Abbrennen wird eine konstante Vorschubgeschwindigkeit des Schlittens gewählt, die der günstigsten Abbrenngeschwindigkeit für den gegebenen Werkstoff und Querschnitt entspricht. Bringt der Schlitten beim Vorlauf die Werkstückteile zum Kontakt, so kommt er zum Stillstand. Der dauernd eingeschaltete Strom fließt durch den Stoß und beginnt die Erwärmung. Nach einer vorgewählten Zeit des Stillstehens läuft der Schlitten zurück und unterbricht mit dem Trennen der Stoßfuge den Stromfluß. Nach einer ebenfalls vorgewählten Wartezeit läuft der Schlitten erneut vor und nach dem Schließen der Stoßflächen wird die Vorwärmung fortgesetzt. Dieses Spiel wiederholt sich so oft, bis der Schlitten nicht mehr stehen bleibt, sondern mit der gewählten Geschwindigkeit weiterläuft. Damit ist der Zustand des stetigen Abbrennens erreicht. Nach dem Zurücklegen eines nach Erfahrung eingestellten Abbrennweges wird der Schlitten schneller und mit großer Kraft vorwärtsgetrieben, der Stromfluß abgeschaltet und so die Schweißfuge gestaucht. Nach dem Halten der Stauchkraft für eine Zeitdauer zum genügenden Abkühlen der Schweißstelle können sich die Spannbacken öffnen und der Stauchschlitten in die Anfangslage zurückkehren. Dieses Verfahren eignet sich besonders für Maschinen mit elektromotorischem Antrieb, wobei meist zwei verschiedene Motoren oder Getriebe für das Erzeugen der Abbrennbewegung und der Stauchkraft vorgesehen sind. Die Massenkräfte eines schnell umlaufenden Stauchmotors können dabei in ein schlagartiges Ansteigen der Stauchkraft umgesetzt werden.

Das Schema einer *elektrisch-mechanisch* gesteuerten Maschine zeigt Abb. 234. Nachdem die beiden zu verschweißenden Werkstücke in Spannbackenpaare B_b und B_f eingespannt sind, wird die Maschine durch den Druckknopf E_r eingeschaltet. Hierdurch erhält das Schütz H Spannung und schaltet die ganze Schützengruppe innerhalb der gestrichelten Linie ein bzw. bereitet das Einschalten vor.

Zunächst werden Schütz V und S eingeschaltet. Das Schütz V schaltet den Motor M_1 in Vorwärtsrichtung ein. Die Werkstücke bewegen sich aufeinander zu mit der Geschwindigkeit, die ihnen der Motor M_1 erteilt. Reicht die Leistung bei der eingestellten Geschwindigkeit zum Abbrennen aus dem kalten Zustand nicht aus, dann wird sofort nach dem Berühren eine ruhende Erwärmung einsetzen. Die Spannung zwischen den beiden Backen fällt dann sehr stark ab und das Spannungsrelais S_p schaltet das Schütz V aus, wodurch der Motor M_1 still steht. Über ein Zeitrelais Z wird gleichzeitig nach Ablauf einer einstellbaren Zeit das Schütz R eingeschaltet, das den Motor M_1 solange rückwärts steuert, bis das Spannungsrelais S_p den durch vollständige Trennung der Werkstücke bewirkten Wieder-

anstieg der Spannung dazu benützt, um nun ohne jede Verzögerung R aus- und V einzuschalten. Dieses Spiel kann sich mehrfach wiederholen. Ist die Vorwärmung so weit gediehen, daß die Anfangs-temperatur erreicht ist, so setzt der Abbrenn-vorgang durch Fortfall des Rücklaufkommandos von selbst ein. Während dieses Vorganges fällt nämlich die Spannung nur unwesentlich ab, so daß das Spannungsrelais S_p nicht mehr in Tätigkeit tritt. Der Motor M_1 läuft weiter vorwärts, bis der eingestellte Abbrandweg a von dem beweglichen Spannbackenpaar B_b zurückgelegt ist. In diesem Augenblick wird durch den Kontakt K das Stauch-schütz St eingeschaltet, das einen etwa 10 mal so schnell laufenden Motor M_2 zuschaltet. Auf diese Weise wird eine schlagartige Stauchung erzielt, die bis zur eingestellten Stauchkraft durchgeführt wird. Ist diese erreicht, fällt das Hauptschütz heraus und der gesamte Vorgang wird stillgesetzt.

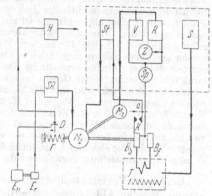

Abb. 234. Schema einer elektrisch-mechanisch gesteuerten Maschine (AEG)

Kraftabhängig gesteuertes Abbrennen findet man vorwiegend in elektro-hydrau-lischen Maschinen. Hier wird ebenfalls eine konstante Vorschubgeschwindigkeit für

das Abbrennen gewählt. Reicht der ge-wählte Strom nicht aus, um das Abbren-nen aus dem kalten Zustand einzuleiten, dann kommt der Stauchschlitten zum Stillstand. Dadurch steigt der Druck des Öles im Zylinder, was in gleicher Weise zum Umkehren der Schlittenbewegung und Steuern des Abbrennens benutzt wird, wie bei den motorbetriebenen Ma-schinen der Anstieg des Sekundärstromes. Setzt nach genügender Vorwärmung das stetige Abbrennen ein, dann bleibt die Vorschubgeschwindigkeit des Schlittens durch Drosselung des Drucköles so lange konstant, bis der gewählte Abbrennweg zurückgelegt ist. Dann wird das Drossel-ventil geöffnet und die Fuge mit vollem Öldruck gestaucht.

Das Arbeiten einer *elektrisch-hydraulisch* gesteuerten Maschine sei an Abb. 235 erläutert. B_f und B_b sind die festen und beweglichen Spannbackenpaare, in die die beiden Werk-stücke eingespannt sind. Der Schlitten wird mit dem Kolben im Zylinder Z durch Preßöl hin und her bewegt. Das Preßöl wird über die Steuerventile von der Pumpe P her zu-geführt. Der ganze Schweißvorgang wird

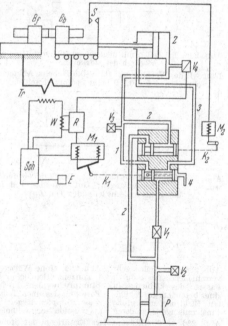

Abb. 235. Schema einer elektrisch-hydraulisch gesteuerten Maschine (H. Miebach, Dortmund)

durch den Druckknopf E ausgelöst. Er schaltet das Schütz Sch für den Schweißstrom und das Relais R ein. Dieses wieder schaltet den Magneten M_1 derartig, daß der Steuerkolben K_1 in seine linke Stellung kommt. Hierdurch wird der Weg *1* für das Preßöl freigegeben. Mit dem Ventil V_1 wird der Öldurchfluß und damit die Geschwindigkeit des Schlittens eingestellt. V_3 ist dasjenige Ventil, mit dem die Schlittenkraft für das Vorwärmen eingestellt wird. Ist nun der Schlitten so weit vorgelaufen, daß sich die Werkstücke berühren, so kommt der Vorwärmstrom zum Fließen. Das Relais R erhält über den Wandler W Spannung und schaltet den Magneten M_1 und damit den Kolben K_1 nach rechts. Dies kann aber erst erfolgen, wenn auch das Kontaktventil V_4 geschlossen ist, was aber erst möglich ist, wenn der notwendige Vorwärmdruck erzielt ist. Ist dies also der Fall, so geht der Kolben K_1 nach rechts und der Schlitten macht eine rückläufige Bewegung, da jetzt dem Zylinder Z über den Weg 3 das Preßöl zufließt. Das überschüssige Öl aus der nichtarbeitenden Zylinderhälfte (Z) kann über den Weg 4 in den Ölvorratsbehälter zurückfließen. Wenn die Werkstücke sich nicht mehr berühren, erhält das Relais R von dem Wandler W auch keine Spannung mehr und schaltet wieder auf Vorwärtsbewegung. Dieses Spiel wiederholt sich solange, bis die Anfangstemperatur für den stetigen Abbrand erreicht ist. Dann findet der Schlitten keinen Widerstand mehr und läuft mit der eingestellten Geschwindigkeit (Ventil V_1) vor, bis der Weg S des eingestellten Abbrandes zurückgelegt ist und der Schalter S geschlossen wird. Dies hat zur Folge, daß der Steuerkolben K_2 durch den Magneten M_2 nach links geschaltet wird. Hierdurch wird der direkte Weg 2 für das Preßöl in den Zylinder Z frei. Der Schlitten läuft mit großer Geschwindigkeit vor und preßt die beiden Werkstücke jetzt mit der durch das Ventil V_2 eingestellten Stauchkraft zusammen. Zu gleicher Zeit wird das Schütz Sch abgeschaltet und die ganze Maschine wird stillgesetzt. Werden die ebenfalls hydraulisch betätigten Spannbacken geöffnet, so läuft der Schlitten in seine Ausgangsstellung zurück und die Maschine ist für einen neuen Arbeitsgang bereit.

Bei beiden Verfahren sind also das Erreichen einer vorbestimmten, dem Werkstoff entsprechenden Abbrenngeschwindigkeit und ihre Stetigkeit über eine gewisse Zeit oder Weglänge das Kriterium für genügende Erhitzung der Schweißstelle. Solange diese Bedingung nicht erfüllt ist, kann die Maschine nicht stauchen. Daher sind diese vollautomatischen Abbrennschweißmaschinen sehr unabhängig von der Vorbereitung der Stoßflächen, sofern nur die Teile mit genügend freier Länge zum Abbrennen eingespannt werden.

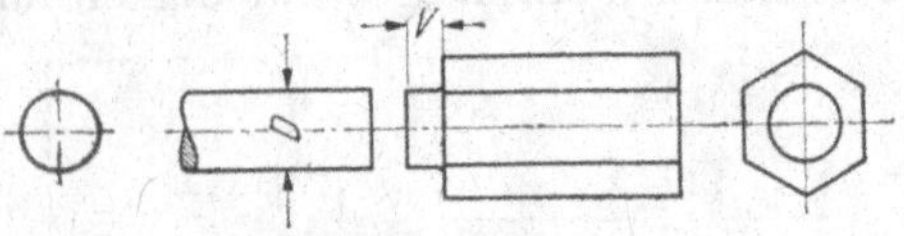

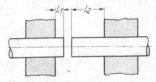

Abb. 236. Bei Teilen mit ungleichem Querschnitt durch Absetzen des stärkeren.
Länge V der Verjüngung: $0,2 \cdots 0,5 \, D$ beim Abbrennschweißen, $0,5 \cdots 0,1 \, D$ beim Stumpfschweißen

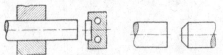

Abb. 237. Bei Teilen mit ungleicher Leitfähigkeit durch verschiedene Einspannlängen: Gut leitendes Teil L_2 länger als schlecht leitendes Teil L_1

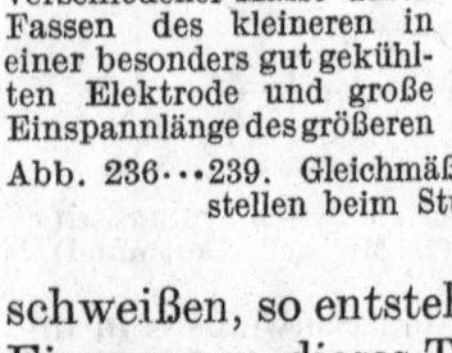

Abb. 238. Bei Teilen sehr verschiedener Masse durch Fassen des kleineren in einer besonders gut gekühlten Elektrode und große Einspannlänge des größeren

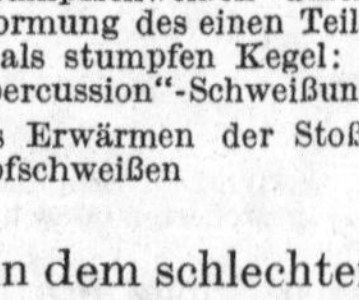

Abb. 239. Hohe Wärmekonzentration beim Stumpfschweißen durch Formung des einen Teils als stumpfen Kegel: „percussion"-Schweißung

Abb. 236$\cdots$239. Gleichmäßiges Erwärmen der Stoßstellen beim Stumpfschweißen

52. Werkstück und Werkstoff. Beim Stumpfschweißen, besonders bei dem ruhenden Verfahren, ist es ebenso wichtig wie bei allen anderen Widerstandsschweißungen, daß die Stoßflächen beider Werkstückteile während des Schweißens die gleiche Temperatur annehmen. Dies ist nur möglich, wenn bei gleicher Wärmeentwicklung auch gleicher Wärmebedarf der Teile herrscht, oder wenn vorhandene Unterschiede durch verschiedene Wärmeableitung ausgeglichen werden. Beim Verschweißen von gleichen Werkstoffen müssen daher an der Schweißstelle gleiche Querschnitte zusammenstoßen. Sollen Werkstückteile mit verschiedenen Querschnitten zusammengeschweißt werden, so ist das dickere Teil an der Stoßstelle auf den Querschnitt des schwächeren Teiles zu verjüngen (Abb. 236) oder das dünnere anzustauchen. Sind Werkstoffe mit verschiedener Leitfähigkeit zu verschweißen, so entsteht in dem schlechter leitenden mehr Wärme, die durch kürzeres Einspannen dieses Teiles abgeleitet werden muß (Abb. 237). Selbst Teile mit sehr unterschiedlicher Masse sind auf gleiche Schweißtemperatur zu bringen, indem das leichte Teil besonders gut gekühlt, in dem schweren Teil durch langes Einspannen und schlecht leitende Spannbacken die Wärmeentwicklung erhöht wird (Abb. 238).

In manchen Fällen kann man eine hohe *Wärmekonzentration* in ähnlicher Weise wie beim Buckelschweißen erzwingen: Die Stoßfläche des einen Teiles wird in Form eines stumpfen Kegels bearbeitet (Abb. 239). Durch sehr hohen Strom wird eine derartige Schweißung fast schlagartig ausgeführt. Daher wird sie in den USA „percussion"-Schweißung genannt.

Beim Stumpfschweißen *ringförmiger* Teile umgeht ein Teil des Schweißstromes die Schweißstelle und fließt durch den Ring. Der Stromverlust durch diesen Nebenschluß ist um so höher, je kleiner der Ring, je größer der Querschnitt und je besser die Leitfähigkeit des Ringes ist. Der Nebenschlußverlust kann durch eine Eisendrossel verringert werden, die um den freien Teil des Ringes gelegt wird (Abb. 240). Die Schweißung wird immer unsicherer, je enger der Ring und je größer sein Querschnitt ist, weil weder der Schweißstrom noch infolge der verschiedenen Rückfederung der gebogenen Ringe der Schweißdruck gleichmäßig gehalten werden kann.

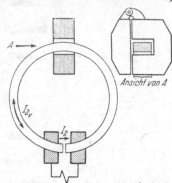

Besonders ungünstige Temperaturverteilung entsteht beim Gehrungsschweißen (Abb. 241), weil z. B. bei ganz gleichmäßiger Stromdichte und Wärmeentwicklung über den ganzen Querschnitt an der Innenseite des Winkels viel mehr Wärme abgeleitet wird als an der Spitze. Hierdurch würde die Spitze des Winkels überhitzt. Dieser Tendenz wirkt aber die Tatsache entgegen, daß die Stromdichte zur Spitze des Winkels hin abnimmt. Diese entgegengesetzten Wirkungen können ausgenutzt werden, um eine gleichmäßige Schweißtemperatur zu erreichen. So kann man z. B. durch Stufen der Spannbacken die Einspannlänge an der Innen- und Außenseite des Winkels verschieden halten und damit die Wärmeableitung und die Temperatur beeinflussen. Außerdem ist es geraten, besonders bei Gehrungsschweißungen an ungleichmäßigen Profilen und an Leichtmetallen sehr starke Ströme anzuwenden, damit bei kurzen Stromzeiten die Erhitzung auf die unmittelbaren Grenzschichten an den Stoßflächen beschränkt bleibt. Siehe auch [22], wo für Eckverbindungen das Abbrennschweißen empfohlen wird.

Abb. 240. Stumpfschweißen von Ringen: Der Stromverlust durch den Nebenschluß I_{2v} wird durch eine Eisendrossel verringert

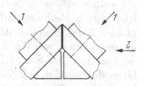

Abb. 241. Gehrungsschweißung: Spannrichtung (*1*) 45° gegen Stauchrichtung (*2*)

Ob beim Stumpfschweißen von *Nichteisenmetallen* ruhende Erwärmung (Druckstumpfschweißung) oder ein Abbrennen auftritt, ist ganz von den Stoffeigenschaften der zu schweißenden Stücke und dem angewendeten Schweißstrom abhängig. Ein Abbrennen wie beim Stahl ist auch bei sehr großen Stromdichten kaum zu beobachten, um so weniger, je besser die Leitfähigkeit des Werkstückes für Wärme und Elektrizität ist. Bunt- und Leichtmetalle erfordern sehr starke Schweißströme und leichte Stauchkräfte, damit die Schweißstelle schnell erhitzt wird. Im Gegensatz zum Eisen gehen besonders bei der erforderlichen schnellen Erhitzung diese Metalle plötzlich und ohne Übergang durch ein plastisches Gebiet vom festen in den flüssigen Zustand über. Im Augenblick des Weichwerdens der Schweißstelle darf der Schweißdruck nicht nachlassen, da sonst der Stromkreis unterbrochen und die Schweißstelle verdorben würde. Der Stauchschlitten mit dem beweglichen Werkstückteil muß daher beim Weichwerden der Schweißstelle ohne jede Verzögerung folgen. Daher werden die Stauchschlitten von Stumpfschweißmaschinen für kleine NE-Metallquerschnitte sehr leicht gebaut und möglichst reibungsarm in Wälzlagern geführt. Der Schweißstrom wird dabei in Abhängigkeit vom Stauchweg gesteuert. Auf größeren Maschinen sind Kupferquerschnitte schon bis zu 2000 mm² stumpfgeschweißt worden. Leichtmetalle bilden beim Stumpfschweißen an der Schweißstelle ein grobkörniges Gußgefüge, durch das die Festigkeit der Schweißstelle weit herabgesetzt wird. Die Möglichkeit des Stumpfschweißens muß daher für jede Leichtmetallegierung durch

Versuch erprobt werden. Auch *verschiedene* Metalle lassen sich durch Stumpf-schweißen verbinden, z. B. Cu- mit Al-Rohren (s. Oszillogramm Abb. 125). In

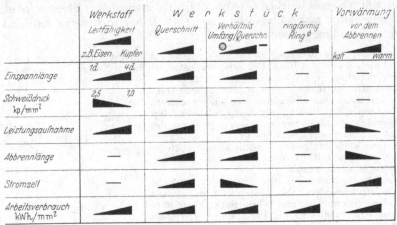

Abb. 242. Zusammenhänge beim Stumpf- und Abbrennschweißen

Abb. 242 sind die beschriebenen Zusammenhänge noch einmal in gedrängter Übersicht dargestellt.

53. Spannbacken und Stromführung. Die Spannbackenpaare der Stumpf-schweißmaschine müssen die Werkstückteile so fest fassen, daß die Stauchkraft hier durch Reibung aufgenommen wird. Die Spannkraft der Backen soll daher etwa 1,5 der Stauchkraft betragen, wenn die Stauchkraft nicht durch Anschläge aufgenommen werden kann. Außerdem müssen die Spannbacken als Elektroden wirken und den Schweißstrom in das Werkstück leiten. Sie werden daher aus gut leitenden Stoffen, aus Kupfer und seinen Legierungen, sowie aus harten und wärme-beständigen Elektrodenwerkstoffen (vgl. Tab. 11) gefertigt. Nur bei Spannbacken für kleine Formteile wird gelegentlich auch Grauguß verwendet. In allen Fällen müssen die Spannbacken sorgfältig gekühlt werden. Am schlechtesten sind glatte Werkstückteile mit blanken Oberflächen einzuspannen, weil sie trotz hoher Spannkräfte leicht rutschen. Die Werkstücke sollten daher möglichst im roh bearbeiteten Zustande (Schruppspan) eingespannt werden.

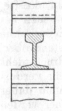
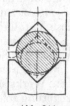

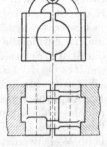

Abb. 243
Flache Backen

Abb. 244
Vierkantbacken

Abb. 245
Mehrere Vierkante

Abb. 246. Steckbacken,
z. B. für Rohre

Abb. 243···246. Verschiedene Spannbackenformen in Stumpfschweißmaschinen

Die Form der Spannbacken ist möglichst dem Werkstück anzupassen. Auf Vielzweck-stumpfschweißmaschinen werden die Spannbacken meist als flache Klötze ausgebildet, zwischen denen Profile und Rundstangen gespannt werden können (Abb. 243). Für Maschinen, die vorwiegend Rundstangen schweißen sollen, sind Spannbackenpaare mit ausgesparten Vierkanten vorzuziehen (Abb. 244). Die Vierkantflächen fassen die Rundstangen auf vier Linien und verteilen so die Spannkraft und den Schweißstrom gleichmäßiger auf den Querschnitt als ebene Spannbacken. Bei kleineren und mittleren Maschinen findet man meist Spannbackenpaare mit zwei bis drei verschiedenen Vierkanten für verschiedene Durchmesser und mit genügend ebener Spannfläche zum Einspannen rechteckiger Teile (Abb. 245). Dünnwandige Rohre können weder in flachen noch in Vierkantbacken gefaßt werden, weil die ungleich auf den Umfang verteilten Einspannkräfte das Rohr verformen würden. Rohre müssen daher grundsätzlich in Backen eingespannt werden, die sich der Außenform des Rohres genau anpassen. Sind verschiedene Rohrdurchmesser oder -formen wechselnd auf der gleichen Maschine zu schweißen, so werden in je einem Halter zusammengefaßte auswechselbare Steckbackensätze verwendet, die gemeinsam mit dem zu schweißenden Teil in die Spannvorrichtung der Stumpfschweißmaschine eingelegt werden (Abb. 246). In den meisten Stumpfschweißmaschinen führt nur je eine Spannbacke der beiden Paare die Spannbewegung aus, während die beiden anderen Spannbacken in einer Ebene bleiben. Um das Ausrichten runder Teile mit verschiedenen Durchmessern zu vermeiden, ist z. B. bei Sonderstumpfschweißmaschinen für Werkzeuge der eine Spannbackenabsatz in der Spannrichtung einstellbar gemacht (Abb. 247). Runde Teile mit großen Durchmesserunterschieden, wie sie vorwiegend im Werkzeugbau zu verschweißen sind, werden in

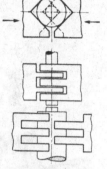
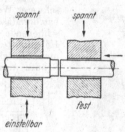
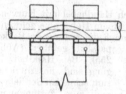

Abb. 247. Ein Spannbackensatz ist verstellbar

Abb. 248. Zur Mitte schließende Vierkantbacken bringen verschiedene Durchmesser selbsttätig auf die gleiche Mittellinie

Abb. 247 u. 248. Ausrichten der Werkstückteile in den Spannbacken

Vierkantspannbacken gefaßt, die sich zu einer gemeinsamen Mittellinie hin schließen (Abb. 248).

In kleinen Maschinen ist nur je eine Spannbacke der beiden Paare mit der Sekundäre des Umspanners verbunden (Abb. 249). Bei größeren Querschnitten werden durch diese Zuführung der Schweißstrom und die Wärmeentwicklung ungleichmäßig auf die Stoßfläche verteilt. Die diagonale Stromdurchführung vermindert diesen Mangel schon weitgehend (Abb. 250). In

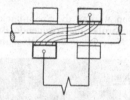
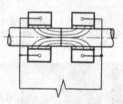

Abb. 249. Einseitig   Abb. 250. Diagonal   Abb. 251. Doppelt

Abb. 249···251. Die verschiedenen Arten der Stromzuführung zu den Spannbacken

Maschinen zum Schweißen von Rundstangen (Vierkantbacken) wird beiden Spannbacken eines Paares Strom zugeführt (Abb. 251) und so eine möglichst gleichmäßige Verteilung des Stromes im Querschnitt erreicht. Bei einseitiger Stromzufuhr werden nur die stromführenden Backen aus Elektrodenwerkstoff, die Gegenbacken oft aus Stahl hergestellt.

54. Stumpfschweißmaschinen. Die Stumpfschweißung umfaßt ein so großes Arbeitsgebiet, daß die Maschinen trotz ihrer gemeinsamen Grundlage sehr verschiedene Bauformen zeigen. Die kleinsten Stumpfschweißmaschinen für Drähte von etwa 0,3 bis etwa 8 mm Durchmesser tragen alle Kennzeichen eines feinmechanischen Werkzeuges, z. B. Abb. 252. An dieser Maschine werden durch sinnreiche Anordnung verschiedener Einrichtungen alle Arbeitsgänge vom Abschneiden des Drahtes bis zum Entfernen des Schweißgrates ausgeführt. Stauchkraft, Stauchweg und Schweißstrom sind in feinsten Grenzen einstellbar und werden mit der Einspannlänge in Abhängigkeit vom Drahtdurchmesser nur durch einen Bedienungsgriff selbsttätig auf den Bestwert eingestellt. Die Maschinen werden für Eisen-, Bunt- und Leichtmetalldrähte gebaut und vorwiegend in der Drahtzieherei verwendet. In einer Sonderform werden diese Drahtstumpfschweißmaschinen auch als Zangen mit Stromkabeln für das Schweißen von Drähten in elektrischen Geräten oder von Freileitungen gebaut.

In allen größeren Stumpfschweißmaschinen wird die Stauchbewegung durch Parallelführung des Spannbackenpaares im Stauchschlitten ausgeführt. Die Spannbacken sind entweder in waagerechter Richtung schließend über dem Maschinengestell oder senkrecht schließend vor der Maschine angeordnet.

Waagerechte Spannbacken erleichtern das Einlegen schwerer Werkstücke und gestatten einen gedrängten Aufbau der Maschine (Abb. 253). Senkrecht schließende Spannbacken nehmen die Hebelkräfte langer Stangen besser auf und ermöglichen einen wirksameren Schutz des Umspanners gegen den

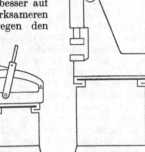

Abb. 252. Feindrahtschweißmaschine
für Kupferdrähte von 0,3···1,5 mm
Durchmesser
(Schorch-Werke, Rheydt)

Abb. 253
Spannbacken waage-
recht, Parallelführung

Abb. 254
Spannbacken senk-
recht, Oberbacke
schwenkend

Abb. 255
Spannbacken senk-
recht, Oberbacke
parallel geführt

Abb. 253···255. Anordnung der Spannbacken bei Stumpfschweißmaschinen

Abbrand. Bei kleineren Maschinen werden die Spannbacken durch Handhebel mit Kurven- oder Kniehebeltrieben geschlossen, wobei die spannende Backe an einem Hebel eine schwenkende Bewegung ausführt (Abb. 254). In größeren Maschinen ist auch die spannende Backe

parallel geführt (Abb. 255). Bei Handbetätigung sind die Antriebe zum schnellen Schließen und zum Festspannen der Spannbacken mit verschiedenen Übersetzungen getrennt ausgeführt. Die hohen Spannkräfte in Stumpfschweißmaschinen mit mehr als etwa 4000 mm² Schweißleistung werden ausschließlich durch Motorkraft, Öl- oder Luftdruck erzeugt. Eine hydraulische Maschine für Querschnitte bis zu 12000 mm² zeigt Abb. 256.

Auf einer großen Stumpfschweißmaschine können an einem Produktionstag leicht mehrere 100 kg Stahl abgebrannt und in Form von flüssigen Metall- und

Abb. 256. Hydraulische Abbrennstumpfschweißmaschine mit 180/360 kVA Leistung
für Querschnitte bis 12000 mm²; Spanntürme mit kräftigen Parallelführungen;
alle Steuerelemente im rechten Teil der Maschine (H. Miebach, Dortmund)

Schlackenbrocken bis zu feinstem Schlackenstaub aus der Stoßfuge geschleudert werden. Sind die Gleitbahnen für den Spannschlitten und die Spannbacken nicht genügend geschützt, so kann sich die Schlacke dort absetzen und die Führungen in kurzer Zeit verderben. Alle Bahnen sollten daher sorgfältig abgedeckt und ihre Führungen durch Abstreifer geschützt oder ganz durch Bälge abgeschlossen werden. Begünstigt durch die starken magnetischen Felder der feine, besonders gefährliche Schlackenstaub in die Maschine hineingezogen. Er kann den Transformator gefährden, wenn dieser nicht besonders sorgfältig geschützt wird. Durchspülen des Maschinengehäuses mit sauberer Luft, Vorrichtungen zum Einschließen der Schweißstelle und zum Absaugen des Abbrandes, sowie wöchentliche gründliche Reinigung der Maschine und ihrer bewegten Teile sind daher dringend zu empfehlen.

Bei kleinen Werkstücken mit kurzen Schweißzeiten entfällt der Hauptanteil der Arbeitszeit auf das Ein- und Ausspannen. Kleine Stumpfschweißmaschinen für die *Massenfertigung* arbeiten daher nicht nur mit selbsttätigem Ablauf des Schweißvorganges (Stauchwegschalter), sondern schließen und öffnen auch die Spannbacken und erzeugen die Bewegung des Stauchschlittens in einem bestimmten Arbeitstakt. In vielen Fällen ist sogar das Einlegen der Werkstücke durch selbsttätige Zuführungen möglich, so daß bis zu 60 Stumpfschweißungen je Minute erreicht werden. Diese kleinen vollselbsttätigen Maschinen werden für Querschnitte

Tabelle 17. *Mittelwerte für die Stumpf- und Abbrennschweißung*
Richtwerte für kompakte Querschnitte in unlegiertem Stahl und offenen Längen

Querschnitt F mm²	Stauchkraft P kp	Leistung N kVA	Stromzeit T min	sek	Schweißverfahren Stumpf	Abbrennschweißung Handb.	Selbstt.
10	5	1	—	0,5			
30	25	2,5	—	1,5			
100	100	6	—	5			
300	500	15	—	15			
1000	2000	50	—	40			
3000	7000	100	2	—			
10000	25000	300	6	—			
40000	100000	1000	20	—			

bis etwa 100 mm² gebaut. Tab. 17 gibt eine Übersicht über die Maschinen, ihre Leistungen und Arbeitsbereiche. Einflüsse des Werkstückes (z. B. Oberfläche der Stoßflächen) und des Werkstoffes können zu Maschineneinstellungen führen, die von diesen Richtwerten erheblich abweichen.

Auch bei den Stumpfschweißmaschinen ist die Zahl der *Sonderausführungen* sehr groß. Bekannt sind z. B. die vollselbsttätigen Kettenstumpfschweißmaschinen, die das einzelne Kettenglied nur von außen durch Elektroden zusammendrücken und so den Schweißdruck mittelbar erzeugen. Aus dem Gebiet des Abbrennschweißens seien schließlich noch die Blechstumpfschweißmaschinen erwähnt. Für das einwandfreie Arbeiten dieser Maschinen ist das genaue Einspannen der Blechteile mit höchstens $1/10$ mm Abweichung Vorbedingung. Bei der großen Ausdehnung der Werkstücke, z. B. beim Verschweißen einer Karosserierückwand mit dem Mittelteil, erfordert das Herstellen der Spannbackenpaare und das spielfreie Führen der Backen und des schweren Stauchschlittens außerordentliche Sorgfalt und Erfahrung. Die Schweißstelle wird kalt und sehr schnell abgebrannt, damit die Bleche sich nicht erwärmen, sich nicht verziehen und nicht während des Verschweißens aufeinandergleiten können.

E. Sondermaschinen in der Widerstandsschweißtechnik

55. Bedeutung der Sondermaschinen. Ein großer Anteil der Kapitalinvestition auf dem Gebiete der Widerstandsschweißtechnik wird durch den Sondermaschinen-

bau beansprucht, mit dem Ziel, möglichst viele Arbeitsgänge in derselben Auf-
spanneinrichtung durchzuführen und dadurch schneller zu fertigen sowie Lohn-
und Transportkosten zu senken. Der Idealfall wird durch die Vereinigung mehrerer Arbeitsstellen in einer Maschine erreicht, womöglich mit selbsttätigem Zu-
und Ausbringen der Werkstücke. Auf diese Weise entstanden der *Rundtisch* und
der *geradlinige Werkstücktransport*.

Durch Widerstandsschweißen werden Werkstücke mit den höchsten spezifischen Leistungsübertragungen, dadurch in kürzester Zeit, unlösbar miteinander
verbunden. So kommen die dabei auftretenden „Takt-Zeiten" als Grundlage der
Mechanisierung in die Größenordnungen der anderen Arbeitsverfahren, wie z. B.
Bohren, Senken, Nieten, Fräsen. Insbesondere wurden Bauelemente geschaffen, die
nicht mehr den Platzbedarf einer mechanischen Bearbeitungsstelle übersteigen, in
erster Linie die Hypersil-Transformatoren (s. S. 12). Bei Vielpunktmaschinen können
solche Transformatoren durch Nebeneinandersetzen auf engstem Raum untergebracht werden, bei Rundtischmaschinen beanspruchen sie einschließlich der beiden Elektroden nicht mehr Platz als z. B. eine Bohrstation mit ihrer Vorschub-
einheit.

56. Rundtischmaschinen. Die Bauweise der Rundtischmaschinen gestattet, bei
kleinen Werkstücken auf engem Raum verhältnismäßig viele Arbeitsstationen
unterzubringen. Andererseits scheut man sich auch nicht, bei größeren Werkstücken den Durchmesser des Rundtisches so groß zu machen, daß man mehrere
Maschineneinheiten unterbringen kann. Größtes bekanntes Beispiel aus der ameri-
kanischen Widerstandsschweißindustrie ist ein Rundtisch mit 2,5 m Durchmesser
und 12 Maschineneinheiten.

Stromzuführung. Für die Stromführung im Sekundärkreis und die Elektrodenanordnung hat man beim Punkt- und Buckelschweißen die in Abb. 257 angegebenen 6 Möglichkeiten mit folgenden Vor- und Nachteilen.

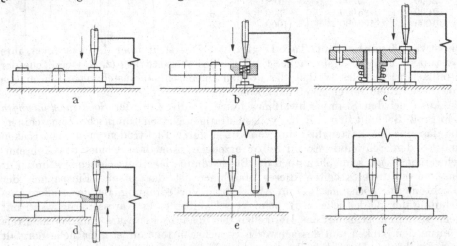

Abb. 257a···f. Stromzuführungen bei Rundtischen

a) Stromzuführung zur unteren Elektrode über den Rundtisch mit Hilfe
von Gleitkontakten: Die Werkzeuge sind einfach, weil Elektroden und Aufnahmen
für das Werkstück direkt auf dem Tisch angebracht werden können, aber die
Rundtisch-Anfertigung ist teuer durch die Sicherstellung eines guten Gleitkon-
taktes für die Zuleitung des Sekundärstromes. Dabei muß ein großflächiger, in

allen Arbeitsstationen gleichmäßiger Stromübergang bei niedrigen Spannungs-
werten, auch durch die laufende Maschinenwartung, gewährleistet sein.

b) **Stromzuführung über eine Kontaktplatte**, auf die das Werkzeug
durch die Elektrodenkraft niedergedrückt wird. Der Rundtisch ist einfach, jedoch
verteuert sich das Werkzeug, weil es *federnd* sein muß. Dazu kommt als wesentlicher Nachteil, daß von der Elektrodenkraft noch zusätzlich mechanische Kräfte
zum Absenken des Werkzeuges auf die untere Kontaktelektrode aufzubringen
sind. Diese sind immer gewissen Schwankungen unterworfen (Reibung an den
Gleitflächen und Rückstell-Federkräfte), so daß die für den Schweißvorgang
verbleibende Kraft ungleichmäßig wird und damit die Güte der Schweißungen
stört.

c) Bei **federndem Rundtisch** verstärkt sich der unter b) zuletzt aufgeführte
Nachteil noch, weil die Elektrodenkraft, sogar exzentrisch, zusätzlich den ganzen
Rundtisch auf die Kontaktelektrode niederdrücken muß. Allerdings werden die
Werkzeugeinsätze ohne die Einzelfederung hier einfacher. Man vermeidet die zu-
sätzliche Elektrodenkraft, wenn man den Drehteller axial mit einem hydraulischen
oder pneumatischen Arbeitszylinder nach jedem Weiterschalten in die Schweiß-
stellung drückt.

d) Der **Rundtisch mit Schleppteller** dient nur zur Aufnahme und Weiter-
bewegung des Werkstückes. Die Elektroden erfassen das Werkstück zangenförmig,
in gleicher Weise wie bei einer von Hand bedienten normalen Punktschweißmaschine, ein großer Vorteil gegenüber den Ausführungen a) bis c). Vorzusehen ist
hier jedoch, daß die untere Elektrode das Werkstück nur ge-
ringfügig aus der Aufnahme anhebt, damit es nach dem
Schweißvorgang zum Weitertransport wieder richtig in die
Aufnahme zurückkehrt. Man erreicht dies durch einen geeigneten Anschlag für die Bewegung der unteren Elektrode.
Nachteilig ist bei dieser Bauart die gegenläufige Elektrodenbewegung, die sich nicht bei allen Werkstücken anwenden
läßt.

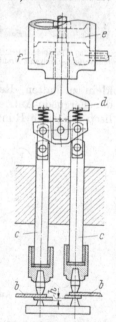

Abb. 258. Möglichkeit des mechanischen Kraftaus-gleiches beim Doppel-punktschweißen von einer Seite

e) **Doppelelektrode von oben mit einem Schweiß-**
punkt (indirektes Schweißen, vgl. Abb. 173). Der Rundtisch
kann unabhängig, mechanisch kräftig gebaut werden, mit der
Möglichkeit weiterer Arbeitsstationen, z. B. für mechanische
Arbeitsverfahren. Dabei muß durch Sonderausführung des
Elektrodenkopfes sichergestellt werden, daß gleiche Elektrodenkräfte auftreten (z. B. Gelenkanordnung Schema Abb. 258:
Im Zylinder f erzeugte und von Kolben e ausgeübte Elektrodenkraft wird vom Gelenk bei d auf die beiden Elektrodenträger c übertragen; das Gelenk gleicht geringfügige Höhenunterschiede h infolge Werkstück- und Elektrodentoleranzen
bei b aus).

f) **Doppelelektrode von oben mit zwei Schweiß-**
punkten (Abb. 259). Rückschluß für den Schweißstrom wie
bei e) über den Rundtisch oder günstiger über die Schweißvorrichtung. Die gleiche Maschine mit 8 Doppelwerkzeugen
und den notwendigen automatischen Zuführeinrichtungen
ist in Abb. 260 wiedergegeben. Auf der Maschine werden
Kontakte für Magnetschalter der Kraftfahrzeugindustrie
warm genietet, jeweils zwei zu gleicher Zeit in Hintereinanderschaltung: Je Stunde
werden 2400 Werkstücke genietet, die elektrische Leistung ist 20 kVA.

Antrieb des Rundtisches. Bei den verhältnismäßig kurzen Schweißzeiten ist zwecks günstiger Maschinenausnützung die Antriebsart des Rundtisches wesentlich. Das Ziel ist, die Bewegungszeit von einer Station zur anderen nach beendeten Arbeitsgängen möglichst

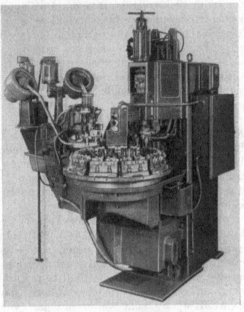

Abb. 259. Doppelelektrodenanordnung bei einer Schweißmaschine mit Drehteller (Taylor-Winfield)

Abb. 260. Bestückte Rundtischmaschine mit der Elektrodenanordnung wie Abb. 259 (Taylor-Winfield)

klein zu halten. Rein mechanisch arbeiten der Klinken-, der Malteserkreuz- und der Ferguson-Antrieb (Abb. 261). Hinzu kommen noch pneumatisch und hydraulisch betätigte Rundtische. Bei Auswahl der Antriebsart sind der Durchmesser

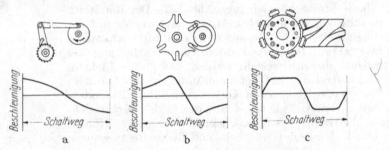

Abb. 261a···c. Rundtischantriebe und ihr Beschleunigungsverhalten
a) Kurbel mit Schaltklinke; b) Malteserkreuz; c) Ferguson-Getriebe

des Tisches und seine Schwere mit den aufgebauten Vorrichtungen zu berücksichtigen. Bei größeren Massen muß man die Anfangs- und Endbeschleunigung des Tisches beachten, einmal aus Genauigkeitsgründen beim Stillsetzen des Tisches und zum anderen, damit das Werkstück nicht aus seiner Aufnahme herausgeschleudert wird. In Abb. 261 sind daher auch die Beschleunigungen in Abhängigkeit vom Schaltwege aufgezeichnet. Sie sind beim *Klinkentrieb* am höchsten, zugleich überhaupt die höchsten während des Schaltvorganges, die Schaltung erfolgt also in den

Endlagen nicht stoßfrei. Der im Bild bei a) angedeutete Kurbeltrieb kann auch durch einen Zahnstangen-, Preßluft- oder Hydraulik-Antrieb ersetzt werden.

Rundtische, die unmittelbar mit einem hydraulischen oder pneumatischen Arbeitszylinder angetrieben werden, haben ein ähnliches Verhalten wie der Klinkenantrieb. Die Hydraulik gestattet keine allzu kurzen Schaltzeiten. Ein gutes Hilfsmittel sind in solchen Fällen die Hydraulikspeicher, die das Öl mit Hilfe komprimierter Luft vorspannen, so daß eine über die Förderleistung der Pumpe weit hinausragende Anfangsreserve vorhanden ist. Preßluft kann sehr günstig sein, wenn ein gleichmäßiger Bewegungswiderstand des Tisches zu erwarten ist. Ist das nicht der Fall, so kann sich die Preßluft bei ungleichen Widerständen, infolge ihrer Elastizität, im Arbeitszylinder zeitweise speichern und zu ruckweisen Schaltungen Anlaß geben. Um ein gedämpftes Stillsetzen des Tisches zu erreichen, verwendet man mit gutem Erfolg Drosselventile.

Der Antrieb mit Hilfe des *Malteserkreuzes* hat eine etwas günstigere Beschleunigungskurve, ist aber auch in den Endlagen nicht vollkommen stoßfrei. Das Verhältnis Anfangs- und Höchstbeschleunigung beträgt bei einer 6er-Teilung 1 : 2,4 und bei einer 4er-Teilung 1 : 5,4. Die Stillstandszeit und Haltezeit stehen je nach Teilung in einem festen Verhältnis zueinander, z. B. bei der 6er-Teilung ist dies 2 : 1. In den meisten Fällen wird wohl heute für den Antrieb des Rundtisches das Malteserkreuz verwendet, z. B. auch bei der Maschine Abb. 260. Der Malteserkreuzantrieb ist in seiner Herstellung aufwendiger als der Klinkenantrieb.

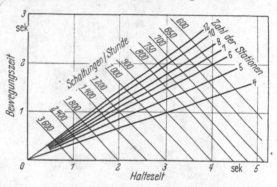

Abb. 262. Zeichnerische Darstellung zur Stückzeitermittlung bei Rundtischen mit Malteserkreuz

Ist der Antrieb des Malteserkreuzes gleichförmig und ist die notwendige Haltezeit je Schweißung oder Arbeitsgang sowie die Anzahl der Arbeitsstationen bekannt, so läßt sich mit Hilfe einer graphischen Darstellung (Abb. 262) die Anzahl der Schaltungen und damit die der Werkstücke je Stunde bzw. die Bewegungszeit ermitteln.

Ein vollkommen stoßfreies Schalten läßt sich mit dem *Ferguson-Antrieb* (c in Abb. 261) erreichen. Hier ist bei geeigneter Steuerkurve die Anfangsbeschleunigung „null" möglich, es sind keine großen Höchstbeschleunigungen notwendig, um kurze Schaltzeiten zu erhalten. Das Verhältnis der Stillstandszeit zur Schaltzeit läßt sich nach Bedarf festlegen. Allerdings ist die Herstellung teuer und schwierig.

Es ist bekannt, daß die *Erwärmungsmöglichkeit* auf einer Widerstandsschweißmaschine auch für *Lötverfahren*, insbesondere für das *Hartlöten* angewendet wird. Als Beispiel im Zu-

Abb. 263. Rundtischmaschine in der Bauweise wie Abb. 259 für das Hartlöten von Lichtmaschinenreglern (Taylor-Winfield)

sammenhang mit der Erläuterung der Rundtische wird in Abb. 263 eine Rundtisch-Ausrüstung gezeigt für das Hartlöten von Lichtmaschinenreglern von Kraftfahrzeugen. Es ist eine Maschine ähnlicher Konstruktion wie Abb. 259. Zu gleicher Zeit werden zwei Spulenenden hartgelötet. Die Vorratsspulen für das bandförmige Hartlot sind deutlich im Bild zu erkennen. Das Lot wird der Lötstelle in der jeweiligen Lötstation selbsttätig zugeführt. Der Rundtisch ist mit fünf Doppelstationen ausgerüstet, er lötet 2000 Regler je Stunde. Die Teile werden mechanisch ausgeworfen. Die Maschine hat eine Anschlußleistung von 20 kVA.

Einen *größeren Rundtisch* des deutschen Schweißmaschinenbaues zeigt Abb. 264. Auf ihm werden je Stunde 90 Gehäuse für *Kühlschränke* geschweißt bzw. punktgeschweißt. Der Tisch mit einem Durchmesser von 2800 mm hat 6 Stationen. Jede Station hat eine Spannvorrichtung, die

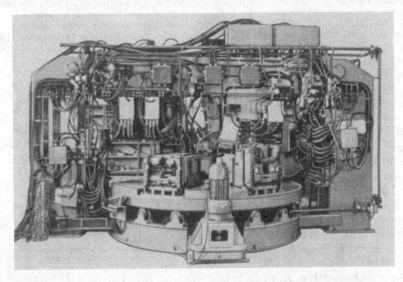

Abb. 264. Rundtischmaschine für das Punktschweißen von Kühlschrankgehäusen (Keller u. Knappich)

Abb. 265. Schweißkarussell für Vorderwagen des Volkswagens (VWW)

es gestattet, das U-förmig gebogene Gehäuse und die zugehörige Rückwand in genauer Lage aufzunehmen. Die beiden Schweißstationen unter dem Querträger des Maschinengestelles sind mit 11 Hypersil-Transformatoren ausgerüstet.

Als extrem großes Beispiel für den kreisförmigen Werkstücktransport möge die Abb. 265 dienen. Sie zeigt das Schweißkarussell für den Vorderwagen des Volkswagens mit 4 Vielpunkt-schweißstationen.

57. Geradliniger Werkstücktransport. Der lineare Werkstücktransport hat gegenüber dem Rundtisch wesentliche Vorteile, wenn die Werkstücke größer werden und der Platz am Rundtisch nicht mehr ausreicht. Es gibt zwei Bauarten, die Maschinenstraße mit *starrem* Arbeitstakt (Transferstraße) und die Fertigungskette von *lose* miteinander verbundenen Maschinen. In die erste Gruppe fallen letzten Endes alle Transportbänder oder Einrichtungen, an die Arbeitseinheiten oder

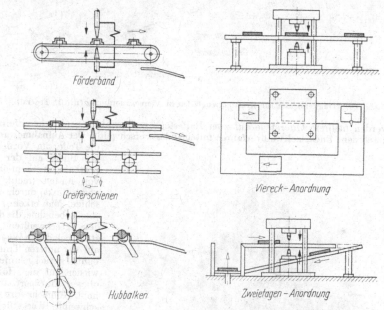

Abb. 266. Schematische Beispiele für den linearen Werkstücktransport

Maschinen angebaut und aufeinander abgetaktet sind. In Abb. 266 sind die fünf gebräuchlichsten Fördermittel schematisch angegeben. Die Wahl richtet sich in erster Linie nach der Art des Werkstückes und der notwendigen Aufnahmevorrichtung. Das *Förderband* ist besonders für kleinere und mittlere Werkstücke geeignet, die keine allzu schweren und flächenmäßig großen Aufnahmevorrichtungen benötigen, so daß die Umlenkung des Bandes am Anfang und Ende möglich ist. Die *Greifer-schiene* und den *Hubbalken* wird man bei Werkstücken anwenden, die keine Aufnahme-Vorrichtung brauchen. In solchen Fällen werden die zu verbindenden Teile häufig auf mechanische Weise, z. B. durch Verstemmen, durch Fixierwarzen oder durch Heftpunkte, vorher zusammengeheftet. Werden die Aufnahmevorrichtungen umfangreicher und sollen womöglich noch dazu mehrere Arbeitsgänge in mehreren Stationen ausgeführt werden, so kommt der *Vierecktransport* in Frage.

Als Beispiel zeigt Abb. 267 eine Anlage zum Punktschweißen von Kraftfahrzeugböden, die sonst große Vorrichtungen benötigen würden. Die Hinweise im Bild lassen den Bewegungs-ablauf erkennen. Geschweißt wird in fünf Mehrpunkt-Stationen, in denen jeweilig die Aufnahmevorrichtung gegen die Elektroden, die sich mit den Transformatoren im Querhaupt der Station befinden, angehoben werden. Es können je Stunde 60 Kraftfahrzeugböden geschweißt

8*

werden. Die Anlage hat eine Abmessung von ~ 36 m zu 8 m. Als Beispiel für den letzten Fall der
Abb. 266, den *Zweietagen-Transport*, kann die Maschine Abb. 268 dienen. Auf ihr werden Ja-
lousien für Leuchtstofflampen geschweißt.

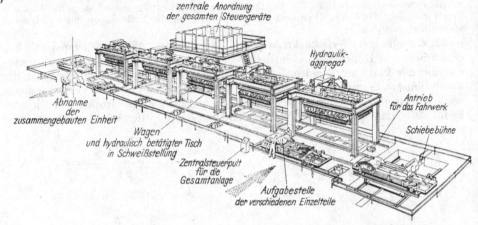

Abb. 267. Transferstraße für Kraftfahrzeugböden in Viereckanordnung (British Federal)

Es werden mehrere Querstege auf zwei Haltestege rechtwinklig, senkrecht aufeinander-
stehend nach dem Buckelschweißverfahren miteinander verschweißt. Der Aufnahmewagen für
die Teile, im Vordergrund
des Bildes auf der Trans-
portbahn zu erkennen, läuft
von hinten (rechts) nach
vorne (links) durch die Maschine. Man erkennt rechts
eine Hebebühne, die den mit
dem geschweißten Werk-
stück beladenen Wagen, der
auf der unteren Transportbahn zurückgelaufen ist,
wieder auf die Höhe der
oberen Transportbahn an-
hebt. Nunmehr wird das geschweißte Werkstück her-
ausgenommen und ein neues
eingelegt. Anschließend
schiebt die Bedienungs-
person den beladenen Wagen
in die Schweißmaschine, die
alle Schweißoperationen
und den zugehörigen Wa-
gentransport vollautoma-
tisch ausführt. Es können
48 Querstege je Minute geschweißt werden. Die hy-
draulisch betätigte Mehr-

Abb. 268. Schweißanlage mit linearem Werkstücktransport für Leuchtstoff-
lampen-Jalousien (Taylor-Winfield)

punktschweißmaschine hat einen elektrischen Anschlußwert von 200 kVA. Ist der Schweiß-
zyklus beendet, so wird der Wagen mechanisch an das vordere linke Ende der Maschine
gerollt. Das Ende der Bahn wird dann um den Endpunkt der Bahn nach unten geschwenkt
bis zum Anschluß an die untere Rollbahn, auf der der Wagen mit Hilfe seines Eigengewichtes
wieder zur Hebebühne zurückrollt.
    Übrigens wird der Zweietagen-Transport auch bei Vielpunktanlagen für Kraftfahrzeug-
böden in ähnlicher Weise wie die Viereck-Anordnung (Abb. 267) angewendet. Ein weiteres Beispiel für den geradlinigen Werkstücktransport ist eine Anlage zum Vielpunkt- und Buckelschweißen einer Keilriemenscheibe. Sie besteht aus zwei Scheiben und der Nabe. Die Nabe wird
nach dem Buckelverfahren mit 150 kVA eingeschweißt (Abb. 269). Die beiden Scheiben werden

mit 24 Punkten zusammengeschweißt (Abb. 270). Hierfür dienen vier Pakettransformatoren mit je 45 kVA Leistung. Die Anlage gestattet 315 Teile stündlich zu schweißen (s. auch [19]).

58. Zuführungen. Für die Leistung und Lohnkosten beim Schweißen ist das Zubringen der zu verschweißenden Teile wesentlich. Inwieweit es sich mechanisieren läßt oder zweckmäßiger von Hand geschieht, hängt erstens davon ab, ob es möglich ist, ein Werkstück lagerichtig einzulegen, und zweitens, ob eine Mehrmaschinen-Bedienung durchführbar ist. Ist jedoch dauernd eine Bedienungsperson erforderlich, dann kann das Einlegen von Hand, evtl. als Beidhandtätigkeit, das wirtschaftlichste sein. In den meisten Fällen findet man die Vereinigung von mechanischer und manueller Werkstückzuführung. Für die mechanisierte und automatisierte Zubringung der Werkstücke gibt es heute viele Möglichkeiten. Hauptsächlich sind es Magazinzuführungen, aus denen die Teile, schon lagerichtig geordnet, durch Zubringer und Zuteiler der Schweißvorrichtung zugeführt werden. In Abb. 271 sind hierfür 5 Beispiele aufgezeichnet, lediglich als Andeutung, da in diesem Buche eine vollständige Darstellung nicht möglich und auch nicht vorgesehen ist (s. hierzu auch [20]).

Teile, die noch nicht magaziniert sind, kann man, wenn sie nicht zu groß sind, mit sogenannten *Schwing-* oder *Drehfördertrögen* zubringen. Die letzten arbeiten mit einer sich langsam drehenden Scheibe als Boden eines schräg gestellten runden Behälters. Die Teile werden mit auf der Scheibe angebrachten Rasten oder Fallen oder auch magnetischen Hafteinrichtungen hoch gefördert und einer Zuführrinne zugeteilt.

Abb. 269. Buckelschweißstation zum Schweißen einer Keilriemenscheibe in einer Schweißanlage mit linearem Werkstücktransport (VWW)

Schwingfördertröge sind ebenfalls rund, aber waagerecht angeordnet, und haben an ihrer Wand spiralförmige Förderrinnen, in denen die Formteile durch Schwingungen des Troges in Hüpfbewegungen versetzt werden und so die Rinne hochsteigen [21]. Die spiralförmige Förderrinne wird an ihrem oberen Ende so ausgebildet, daß mit Hilfe von sogenannten Weichen falsch ausgerichtete Teile ausgeschieden werden und wieder in den Behälter zurückfallen. Beispiele derartiger Weichen zeigt Abb. 272 (s. S. 119).

59. Schweißwerkzeuge. Die Aufgabe des Schweißwerkzeuges ist es, die zu

Abb. 270. Vielpunktstation in der Schweißanlage der Abb. 269 (VWW)

verbindenden Werkstücke lehrengerecht zwischen die Elektroden zu bringen und während des Schweißvorganges in dieser Lage zu halten. Seine Konstruktion wird durch die Art des Transportes und die Form des Werkstückes bestimmt. In vielen

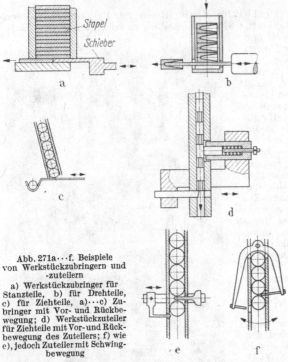

Abb. 271a···f. Beispiele
von Werkstückzubringern und
-zuteilern
a) Werkstückzubringer für
Stanzteile, b) für Drehteile,
c) für Ziehteile, a)···c) Zubringer mit Vor- und Rückbe-
wegung; d) Werkstückzuteiler
für Ziehteile mit Vor- und Rück-
bewegung des Zuteilers; f) wie
e), jedoch Zuteiler mit Schwing-
bewegung

Fällen, besonders bei den Rundtischen, kann man die untere Elektrode und die Werkstückaufnahme zu einer Einheit zusammenbauen. An drei Beispielen (Abb. 273 bis 275) sollen einige Merkmale für die Konstruktion solcher Werkzeuge erläutert werden. Das erste Beispiel ist ein einfaches Rundtischwerkzeug für eine Punktschweißung. Die beiden Werkstücke sollen schon vor dem Verschweißen eng aufeinander liegen. Die Werkstückaufnahme muß von der unteren Elektrodenhalterung isoliert sein, was in der skizzierten Weise möglich ist. Das zweite Beispiel zeigt das Verschweißen eines Bolzens mit einer Platte mittels der Kegel-Stumpfschweißung, die auch als Buckelschweißung bezeichnet werden kann. In diesem Fall muß man dafür sorgen, daß das obere Werkstück unter der Einwirkung der Elektrodenkraft dem Stauchweg folgen kann. Die Aufnahme muß also federnd und nachgiebig sein. Selbstredend sind auch hier die beiden Werkstückaufnahmen gegeneinander zu isolieren. Ist der Bolzen nicht zu lang im Verhältnis zum Durchmesser, so kann der Schweißstrom in der vorgesehenen Weise von unten her durch seine Längsachse fließen. Die zylindrische Aufnahme ist jedoch zu iso-

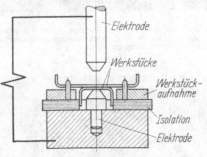

Abb. 273. Schweißwerkzeug ohne federnde
Aufnahme

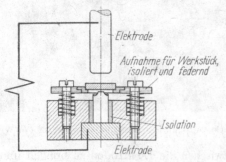

Abb. 274. Schweißwerkzeug mit nachgiebiger
federnder Aufnahme

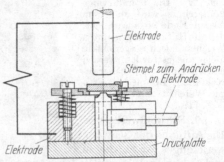

Abb. 275. Schweißwerkzeug wie Abb. 274 mit Stromzuleitung für lange Bolzen

Abb. 273···275. Konstruktionsbeispiele für Schweißwerkzeuge

Ordnungshilfe	Draufsicht	Schnitt A — A bzw. Teil	Wirkung
1. Abstreifer		Teil	Überschüssige und hochstehende Teile werden abgestreift
2. Luftdüse		Teile	Aufeinanderliegende, scheibenförmige Teile oder Winkel mit dem längeren Schenkel nach oben werden herabgeblasen
3. Einstellbare Rinnenbreite		Teile	Für gleichartige, verschieden große Teile
4. Ausschnitt am Innenrand		Teil	Die Rinne wird schmaler
5. Mehrfach ausgeklinkte Rinne		Teil	Napfförmige Teile mit der Öffnung nach unten fallen herab
6. Schienenförmiger Auslaß		Teil	Die Teile werden am Kopf hängend abgeleitet
7. Wandschlitz und Schienen	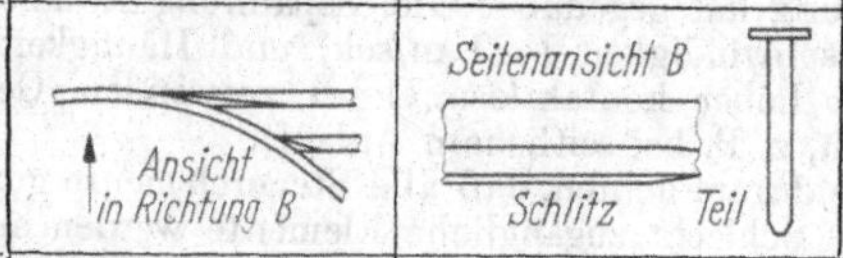 Ansicht in Richtung B	Seitenansicht B — Schlitz — Teil	Lange Teile mit Kopf ragen aus der Trogwand und werden in die Senkrechte eingeschwenkt
8. Prismarinne mit Schlitz im Grund		Teil	Teile mit Kopf werden von der Rinne auf Schienen eingeschwenkt
9. Steigender Innenrand	 Ansicht in Richtung B	Seitenansicht B — Teil	Längliche Teile werden mit der Längsachse zur Förderrichtung eingeordnet
10. Rampe und Luftdüse vereint		Teil	Teile werden mit dem dicken Ende in Förderrichtung eingeordnet
11. Geneigte Rinne mit Bord		Teil	Scheiben, mit angefaster oder gerundeter Seite nach unten zeigend, gleiten ab

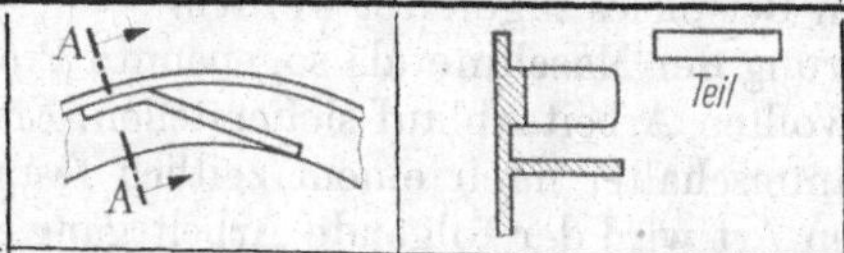

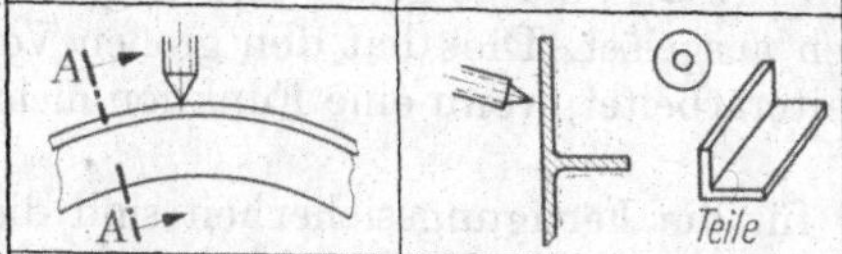

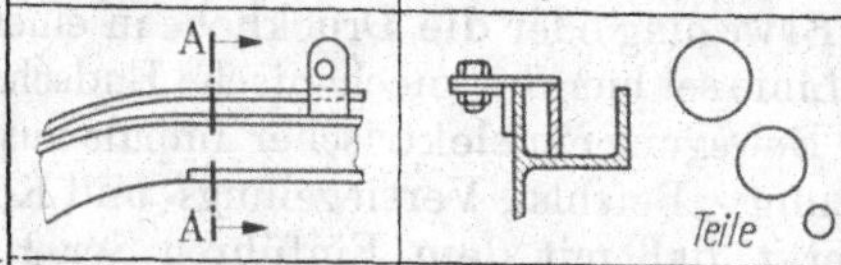

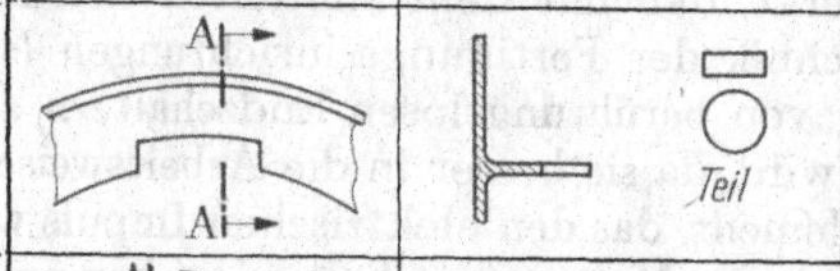

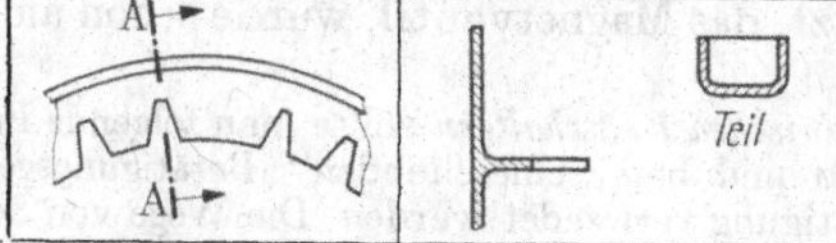

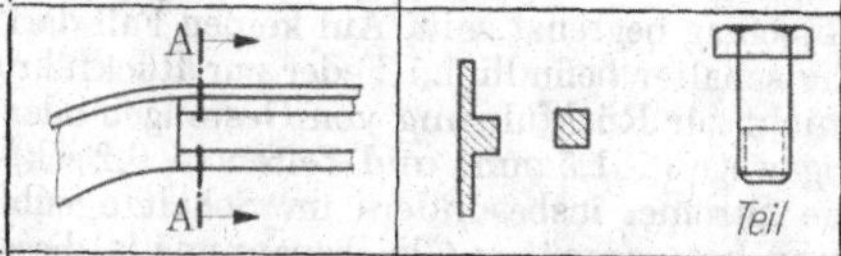

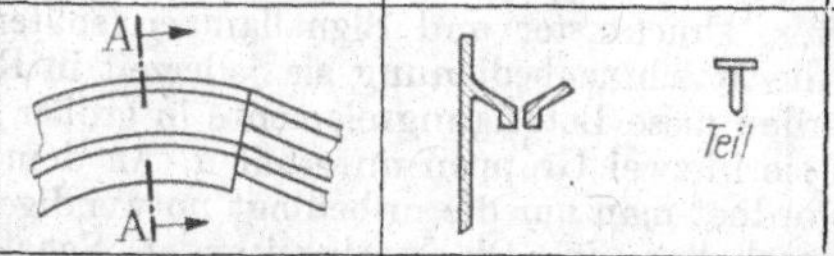

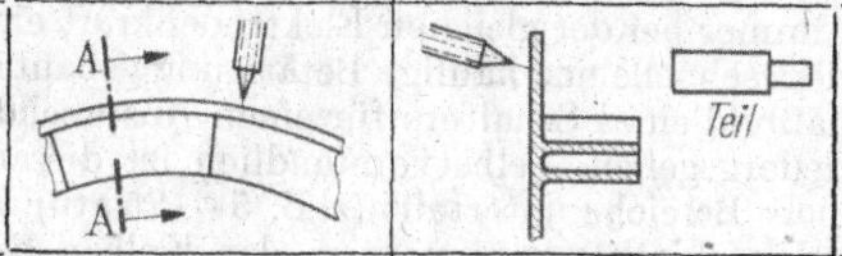

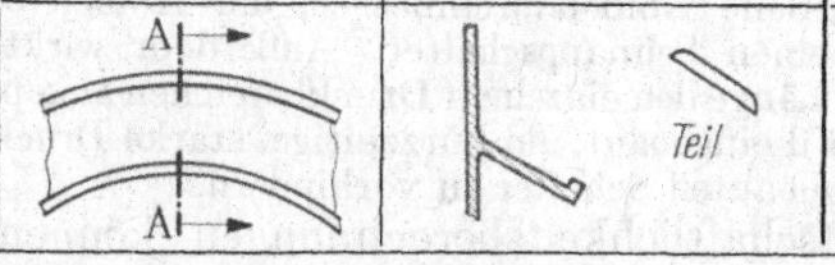

Abb. 272. Ordnen und Absondern von Werkstücken in Schwingfördertröge (nach Spitzig [21])

lieren, um eindeutige Verhältnisse zu schaffen. Ist der Bolzen zu lang, so sollte der Strom in der Art des dritten Beispieles zugeleitet werden.

60. Steuerungen. Die Steuerung der Maschine als sogenannte Programm- oder als Folgesteuerung soll den gewollten Arbeitsablauf sicherstellen. Erstere wird im allgemeinen von einem Programmschalter nach einem zeitlich festgelegten Plan durchgeschaltet. Bei der zweiten Art wird der folgende Arbeitsgang erst durch die Beendigung des vorhergehenden ausgelöst. Dies hat den großen Vorteil, daß die Maschine zwangsläufig nicht weiterarbeitet, wenn eine Funktion nicht ordnungsgemäß erledigt wurde.

Von besonderer Bedeutung für die Fertigungssicherheit sind diejenigen Bauelemente, die die mechanische Bewegung oder die Druckhöhe in einen elektrischen Vorgang übersetzen. In erster Linie sei hier der mechanische Endschalter genannt, mit dem an jedem Punkt einer Bewegung ein elektrischer Impuls ausgelöst werden kann. Er kann also als Begrenzungs-, Befehls-, Verriegelungs- und Kontrollschalter dienen. Hierzu sei noch bemerkt, daß mit dem Einführen der Halbleiter-Bauelemente in die Steuerungstechnik der Fertigungseinrichtungen (s. hierzu auch Abschn. I. E.) die Verwendung von berührungslosen Endschaltern auf der induktiven Basis von Interesse sein wird, da sie besser in die Arbeitsweise dieser Steuerungen passen. Über das Bauelement, das den elektrischen Impuls wieder in einen mechanischen Vorgang übersetzt, das Magnetventil, wurde schon an anderer Stelle gesprochen (s. Abschn. 15).

Bei der Verwendung von *mechanischen Endschaltern* sollte man folgende Punkte beachten: Bei erschütterungsreichem Betrieb und bei „schleichenden" Betätigungsgeschwindigkeiten sollen Endschalter mit Sprungbetätigung verwendet werden. Die Wege von Schlitten, Kolben u. ä. müssen durch mechanischen Anschlag begrenzt sein. Auf keinen Fall darf ein Endschalter dafür verwendet werden. Die im Endschalter befindliche Feder zur Rückführung des Systems in die Ausgangsstellung darf auch nicht zur Rückführung von Gestängen oder Hebeln benutzt werden. Genügend lange Betätigungswege (> 1,5 mm) und Zeiten (> 0,2 sek) vorsehen. Elektrische Überlastung durch zu hohe Ströme, insbesondere im Schaltaugenblick, vermeiden. Wechselspannung hat gegenüber Gleichspannung in diesem Fall Vorteile. Betätigungsgeschwindigkeit (< 1 m/sek) und Häufigkeit nicht zu groß wählen. Sonst lieber kontaktlose Geber verwenden. Geeignete Anlaufwinkel nehmen, z. B. bei seitlichem Anlauf.

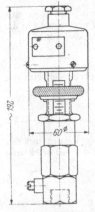

Abb. 276
Druckschalter für
Hydraulik-Anlagen
(Concordia)

Man sollte darauf achten, daß alle Steuerelemente gut zugänglich angeordnet sind. Schlecht zugängliche Elemente werden auch schlecht gewartet. Schalter, Drucktaster und Signallampen sollten so angeordnet werden, daß die Maschinenbedienung sie jederzeit in Reich- und Sichtweite hat. Werden diese Betätigungselemente in großer Anzahl benötigt, so sollte man sie in zwei Gruppen unterteilen. An dem eigentlichen Bedienungsplatz ordnet man nur die unbedingt notwendigen Elemente, einschließlich Notschalter, an. Die vorbereitenden Schalter, wie Hauptschalter, Anlaßdruckknopf für Motoren, Schalter für Steuerungen mit z. B. Anheizzeit der Röhren, wird man in größerer Entfernung unterbringen, um Fehlbedienungen zu vermeiden.

Ein wichtiges Bauelement für die Sondermaschinen der Widerstandsschweißtechnik sind die *Druckschalter*. Sie müssen sicherstellen, daß der Schweißstrom immer bei der gleichen Elektrodenkraft eingeschaltet wird, und für besonders schnelle und häufige Betätigung gebaut sein. In Abb. 276 ist z. B. das Maßbild eines Schalters für einen Ansprechdruckbereich von 1···200 atü wiedergegeben. Selbstverständlich ist dieser Bereich in verschiedene kleinere Bereiche unterteilt (z. B. 5···25 atü). Man erreicht dies durch verschiedene Kolbendurchmesser; der Kolben betätigt über eine Druckstange einen Schnappschalter. Außerdem wirkt eine Feder der Druckstange entgegen, die in ihrer Länge den einzelnen Druckbereichen angepaßt ist. Ferner ist ein Beipaß und ein Rückschlagventil eingebaut, um kurzzeitige, starke Druckstöße zu mildern und unnötiges Ansprechen der eingebauten Schalter zu verhindern.

61. Wirtschaftlichkeit. Wirtschaftlichkeitsberechnungen können als Vor- und Nachberechnungen ausgeführt werden. Beide haben den Sinn, das wirtschaftlichste

Fertigungsverfahren auf Grund eines *Kostenvergleiches* der in Frage kommenden technischen Möglichkeiten und deren tatsächlich anfallenden Kosten zu ermitteln.

Die Entscheidung für ein Verfahren wird sich bei gleicher Fertigungssicherheit nach den errechneten Tilgungszeiten richten, die sich aus dem Aufwand und den Ersparnissen ergeben.

Zur Aufstellung einer Wirtschaftlichkeitsberechnung sind die Stoffkosten, die Lohnkosten und die Gemeinkosten[1] erforderlich. Die Selbstkosten für das Erzeugnis setzen sich zusammen, wie Abb. 277 angibt.

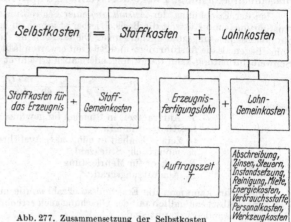

Abb. 277. Zusammensetzung der Selbstkosten

Bei den Schweißverfahren kommen zu den *Stoffkosten* für das eigentliche Erzeugnis noch diejenigen für die Elektrodenwerkstoffe, die in das Werkstück mit eingeschmolzen werden, hinzu, beim Lichtbogenschweißen z. B. die umhüllte oder blanke Elektrode, beim MIG-Schweißen der Zusatzdraht, jedoch nicht das Schutzgas, wie Argon oder CO_2; ähnlich beim UP-Schweißen der Zusatzdraht und nicht das Pulver. Ferner wird man beim Widerstandsschweißen den Verbrauch der Kupferelektroden nicht zu den Stoffkosten rechnen. Die *Lohnkosten* ergeben sich aus der reinen Tätigkeitszeit des Arbeitenden, die bei dem jeweiligen Verfahren zum Schweißen der gewünschten Verbindung benötigt wird. Darin sind alle Nebenzeiten, wie Einlegen der Werkstücke, Griffzeiten, um das Werkstück aus den Vorratsbehältern herauszunehmen, oder Einrichten der Maschinen sowie Rücksprache mit Meister u. ä. enthalten.

Ein wichtiger Kostenanteil sind die *Gemeinkosten*. Sie können ein Vielfaches der eigentlichen Lohnkosten ausmachen. Man muß daher ihrer Ermittlung besondere Aufmerksamkeit widmen. Bestimmt werden sie durch die Kosten, die der Arbeitsplatz des Betriebsmittels verursacht. Folgende Faktoren sind hierbei zu berücksichtigen: Abschreibung, Zinsen und Steuern, Instandsetzungskosten, Wartung und Reinigung, Miete, Beleuchtung, Heizung, Lüftung, Energiekosten (Absaugung, Druckluft, Gas, Nutzwärme, Strom, Wasser), Verbrauchsstoffe, Werkzeuge, Personalkosten (Anteile an Meister, Einsteller, Werkstatthelfer, allgemeinen Betrieb), Entwicklungs- und Ausprobierkosten. Man wird diese Kosten in DM/Monat bzw. je Nutzstunde unter entsprechender Berücksichtigung des Ausnützungsgrades ermitteln. Sie werden auch noch stark beeinflußt, wenn ein ein- oder mehrschichtiger Betrieb vorliegt. Man kann sie dann in % des Erzeugnisfertigungslohnes ausdrücken.

Hat man die Stoff-, Lohn- und Gemeinkosten ermittelt, so benötigt man für die Wirtschaftlichkeitsberechnung noch den Aufwand, der notwendig ist, um die geforderte Stückzahl in der Zeiteinheit zu fertigen. Hier ist der Mechanisierungsgrad von großer Bedeutung. Er wird ein anderer sein, wenn man z. B. monatlich 5000 Stück oder 200000 Stück bzw. Verbindungsstellen schweißen soll. Eine Ersparnis gegenüber dem Vergleichsverfahren steigt selbstredend mit steigender Stückzahl ebenfalls an und man kann bei gleicher Tilgungsdauer den Aufwand entsprechend höher vorsehen. Außer durch die angegebenen Punkte wird der Aufwand auch noch durch den Grad der Ausnützung des Betriebsmittels bestimmt. Er wird gemessen an der tatsächlich zur Verfügung stehenden Arbeitszeit mit z. B. 180 Stunden je Monat bei einschichtigem Betrieb gleich 100%. Je nach Betriebsmittel und Mechanisierungsgrad kann dieser Prozentsatz auf 70% absinken. Bei gewöhnlichen Schweißeinrichtungen dürfte er sich um rund 80% bewegen. Geschmälert wird die Ausnützung durch folgende Größen:

---

[1] Kosten- und Zeitbegriffe sowie Symbole sind REFA angepaßt.

Fehlende Aufträge, Instandsetzungen, Maschinenreinigung, Betriebsstörungen, Versuche, Abwesenheit des Bedienungspersonals, Tot- und Wartezeit bei Mehrmaschinenbedienung, Pflege der Werkzeuge und Nebenzeiten.

Bei der Errechnung der *Ausnützung* einer Schweißmaschine oder Einrichtung bilden die Ausführungs- und Rüstzeit die Basis. Hierbei ist jedoch zu berücksichtigen, daß in diesen Zeiten ein höherer Leistungsgrad enthalten ist. Die tatsächliche Ausbringung kann also evtl. um 20% höher liegen als die Ausführungs- und Rüstzeit erwarten läßt: Die tatsächliche Ausnützung einer Schweißeinrichtung kann damit folgendermaßen errechnet werden:

$$T = \frac{t_r}{60 \cdot F \cdot A} + \frac{m \cdot t_e}{60 \cdot 100 \cdot F \cdot A},$$

worin

T Auftragszeit in Stunden für gewünschte monatliche Stückzahl,
t_r Rüstzeit in min,
t_e Zeit je Einheit in min, $m \cdot t_e$ Ausführungszeit (t_a)
m monatliche Stückzahl,
F Faktor für Mehrleistung,
A Ausnützungsgrad.

Umgekehrt kann man die Erzeugnisstückzahl m, die mit der Einrichtung geschweißt werden kann, selbstverständlich mit der Gleichung auch errechnen, wenn die zur Verfügung stehenden Arbeitsstunden bekannt sind.

Bei Mehrmaschinen-Bedienung steigen im allgemeinen die Nebenzeiten, während die Hauptzeiten gleichbleiben, d. h. die Ausbringung sinkt.

Beispiel einer Wirtschaftlichkeitsberechnung: Die 4 Teile (Abb. 278) einer Riemenscheibe sollen nach Abb. 279 miteinander befestigt werden. Die beiden günstigsten Verfahren, die sich auch weitgehend zum Mechanisieren eignen, sind das Nieten und das Buckelschweißen. Das Nietverfahren wird in der Fertigung angewendet, und zwar werden an einem Rundtisch mit 10 Stationen die 4 Teile von Hand

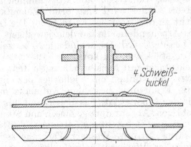

4 Schweiß-
buckel

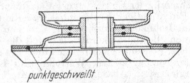

punktgeschweißt

Abb. 278. Die Einzelteile der Keilriemenscheibe Abb. 279   Abb. 279. Buckelgeschweißte Keilriemenscheibe; Beispiel für Wirtschaftlichkeitsberechnung

eingelegt, die 6 Nieten vom Rüttler aus eingeschossen (mit Preßluft), auf 3 Stationen die Teile zusammengenietet und das fertige Teil mit einer Eisernen Hand ausgeworfen.

Es soll nun untersucht werden, ob die Einführung des Buckelschweißens wirtschaftlich ist. Für das Schweißen wird eine handelsübliche Buckelschweißmaschine mit einem Rundtisch für 6 Stationen und eine Vielpunkteinrichtung vorgesehen.

Das Einlegen der 4 Teile geschieht in gleicher Weise wie beim Nieten. Da die Nietmaschine eine reine Sondermaschine ist, wird die Tilgungsdauer auf 6 Jahre festgelegt und für die Schweißmaschine als allgemein verwendbar 10 Jahre.

Das Kostenbild ist im folgenden zusammengestellt und ergibt eine Tilgungsdauer der Schweißmaschine von 0,75 Jahren und damit eine gute Wirtschaftlichkeit für das Schweißverfahren.

Angaben zur Ermittlung der Lohngemeinkosten

	Nieten	Schweißen
Anschaffungswert	35000,– DM	55000,– DM
Abschreibung	18%	10%
Ausnutzung	85%	85%
Nutzstunden	280 Std.	280 Std.
Lohnkosten / 100 Stck	–,78 DM	–,78 DM
Ausbringung / Mon.	100000 Stck	100000 Stck

Die monatlichen Kosten betragen:

Abschreibung einschl. Zinsen u. Steuern, Instandsetzung, Miete und Heizung	934,– DM	1064,– DM
Energiekosten	70,– DM	170,– DM
Verbrauchsstoffe und Werkzeuge	300,– DM	300,– DM
Personalkosten	991,– DM	991,– DM
Summe Lohngemeinkosten	2295,– DM	2525,– DM
Fertigungslohn	780,– DM	780,– DM
Summe Fertigungskosten	3075,– DM	3305,– DM
Lohngemeinkosten in % zum Fertigungslohn	295%	325%

Wirtschaftlichkeitsberechnung

	Nieten	Schweißen
Jahresmenge	1,2 Mill. Stck.	1,2 Mill. Stck.
Stoffkosten für 100 Stck (= 600 Nieten)	5,52 DM	—
Stoffgemeinkosten	6%	—
Zeit für 100 Stck	20 min	20 min
Lohnkosten für 100 Stck	—,78 DM	—,78 DM
Lohngemeinkosten für 100 Stck	2,29 DM	2,52 DM
Selbstkosten für 100 Stck	8,92 DM	3,30 DM
Selbstkosten für 1 Jahr	107040,— DM	39600,— DM
Ersparnis pro Jahr	—	67440,— DM
Aufwand	—	55000,— DM
Abschreibung pro Jahr	—	5500,— DM
Tilgungsdauer: $\dfrac{\text{Aufwand}}{\text{Ersparnis + Abschreibung}}$ (Jahre)		0,75

III. Schrifttum

[1] MALMBERG, W.: Glühen, Härten und Vergüten des Stahles, 7. Aufl. (Werkstattbücher, Heft 7), Berlin/Göttingen/Heidelberg: Springer 1961.

[2] GENGENBACH, O.: Neue Entwicklungen beim Bau von Widerstandsschweißtransformatoren. Schweißen u. Schneiden 11 (1959) H. 2, S. 47–51.

[3] FRAENKEL, A.: Theorie der Wechselströme, Berlin: Springer 1930.

[4] KÜPFMÜLLER, K.: Einführung in die theoretische Elektrotechnik, Berlin/Göttingen/Heidelberg: Springer 1959.

[5] BRUNST, W.: Das elektrische Widerstandsschweißen, Berlin/Göttingen/Heidelberg: Springer 1952.

[6] ROHDE: Gasfüllung und Gasaufzehrung in Thyratrons. Elektronik 1958, Nr. 4, S. 113–114.

[7] STARITZ, R.: Kaltkathodenröhren als Schaltverstärker und Schalter. Elektronische Rundschau 12 (1958) Nr. 12, S. 433–436.

[8] N. N.: Vollelektronisch gesteuerte Feinstpunktschweißmaschine. Elektronik 6 (1957) H. 7, S. 209–211.

[9] Elektronik 8 (1959) H. 4, S. 97.

[10] Elektronik 8 (1959) H. 11, S. 329.

[11] GENGENBACH, O.: Meßtechnische Probleme beim Widerstandsschweißen. Schweißen u. Schneiden 10 (1958) S. 1–12.

[12] GLAGE, W.: Sicheres Widerstandsschweißen durch gemeinsames Registrieren der wesentlichen Einflußgrößen. VDE-Fachberichte 1953.

[13] OBERDORFER: Lehrbuch der Elektrotechnik Bd. 1, München: Oldenbourg 1944, S. 321 bis 322.

[14] ROHLOFF, E.: Das Messen der Schweißströme. Schweißen u. Schneiden 11 (1959) S. 17–22.

[15] MOHR, O.: Die Abhängigkeit der Ströme und Spannungen vom Aussteuerungsgrad bei stromgesteuerten Schweißmaschinen. AEG-Mitt. 1941, S. 94–101.

[16] MENDE, H. G.: Über Verfahren und Anwendungen der elektronischen Dehnungsmeßtechnik. Elektronik 4 (1955) H. 10, S. 246–251.

[17] BRUNST, W., u. K. BAUER: Einfluß des Elektrodenabstandes auf den Stromverlauf beim Doppelpunktschweißen. Schweißen u. Schneiden 12 (1960) H. 10, S. 453–456.

[18] KILGER, H.: Fertigungstechnik und Güte abbrenngeschweißter Verbindungen, Braunschweig: Vieweg & Sohn 1936.

[*18a*] GÖNNER, O.: Die elektrische Widerstandsschweißung und ihre praktische Anwendung, 3. Aufl., München: Hanser 1949.

[*19*] WEIS, A.: Mechanisierte Widerstandsschweißung einer Keilriemenscheibe. Schweißen u. Schneiden 10 (1959) H. 6, S. 219–222.

[*20*] BRUNST, W.: Sondermaschinen und Mechanisierung der Arbeitsgänge in der Widerstands-schweißtechnik. Schweißen u. Schneiden 12 (1960) H. 10, S. 338–446.

[*21*] SPITZIG, J.-S.: Schwingfördertröge zum Ordnen und Zuführen von Werkstücken. Das Industrieblatt 59 (1959) H. 8, S. 345–348.

[*22*] GALLMANN, F.: Elektronische Steuerung von Widerstandsschweißmaschinen. Hahn & Kolb-Nachrichten Juli 1961, Nr. 20, S. 20ff. u. Dez. 1961, Nr. 21, S. 23ff.

[*23*] MASING, W.: Ignitronsteuerungen für einphasige Widerstandsschweißmaschinen, Coburg: Prost u. Meiner 1961.

[*24*] BECKEN, O., u. K. HAVERS: Beim Punktschweißen von Kohlenstoffstahl erreichbare Scherzugkräfte bei Blechdicken bis 6 mm. Schweißen u. Schneiden 13 (1961) H. 4, S. 127–135.

(Fortsetzung 4. Umschlagseite)

WERKSTATTBÜCHER

Verzeichnis der zur Zeit greifbaren und der in Kürze erscheinenden Hefte,
nach Fachgebieten geordnet

Das Gesamtverzeichnis mit Inhaltsangabe jedes einzelnen Heftes ist erhältlich in den
Fachbuchhandlungen und unmittelbar beim
Springer-Verlag, Berlin-Wilmersdorf, Heidelberger Platz 3

Preis jedes Heftes DM 4,50, bei gleichzeitigem Bezug von 10 beliebigen Heften DM 3,60.

(Fortsetzung 3. Umschlagseite)